BRUNCH
英倫早午餐

休日慢食 ┃ 美好 Brunch 餐桌風景

作者序

美好的一年，餐桌上的週末晨間風景

～ 今天吃什麼？

從踏上英國這個大島開始，經營部落格的旅程不知不覺已來到了第六年，三年前則是開始在 Facebook 的「廚房旅行日記」專頁寫下一篇篇餐桌記錄。這段分享餐桌記錄的日子裡，研究食譜默默地成了我的生活重心，同時也開啟了一段自我認識的過程－－發現自己性急的個性，在煮食的過程總能慢慢沉澱下來；發現自己愛吃鹹食多過甜食；發現自己早上吃奶類，胃會有點不舒服。就是這樣，一點一點透過寫食、煮食和影像記錄的過程，試圖拼湊出一個更完整的自己。

來到英國的這幾年裡，最大的改變當屬週末的早午餐生活了。住在不怎麼熱鬧、方圓幾里內只有一家小酒吧的英國小鎮，街頭巷尾也沒有早餐店和 24 小時營業的便利商店，挽起袖子做料理成了最快速的選項。慢慢地，在週末自己動手料理一頓豐富滿足的早午餐，成了我最大的休閒樂趣。

書裡收錄的一篇篇早午餐食譜，就像是我們自家餐桌上的生活軌跡。隨著時序推移，桌上有著春天的蔬果、夏天的冷飲、秋季的食材、寒冬的香料，還記下了當時的心緒、體會與記憶。有時候這些飲食軌跡，無關乎身處何處，在英國、在臺灣、在任何他鄉都有其獨有的風味。在英國的我，嘗試著當地的食材、學習著英式的飲食文化、探聽著不同滋味，咀嚼、吸收、消化之後，在自家餐桌上端出屬於自己的美好滋味。

市面上的食譜何其多，網路上亦可搜尋到任何想要的食譜，而希望我分享給你的可以不只是食譜，而是透過我的餐桌風景，讓大家感受到更多生活的點滴。也許就從每個週末的早午餐開始，在煮食的過程中，嘗試到一些原就喜歡的、認識到一些原本陌生的。自己動手做，然後帶著好心情品嚐。當然，最終也希望能讓大家創造屬於自己的更棒的餐桌風景。

"You never forget a beautiful thing that you have made,' [Chef Bugnard] said. 'Even after you eat it, it stays with you - always." ── Julia Child, My Life in France

關於 Brunch

「早午餐的歷史可追溯至英國『沒規沒矩的一八九〇年代』。經過周六一夜狂歡，一些人發現周日早起不易，解決方案就是在周日正午前的早上，僅吃營養的一餐，而這餐正好又能結合早餐和午餐特性。早午餐的概念和名詞，首次在一八九五年短命的《獵人周報》解釋與使用，蓋‧畢林傑寫道：『何不嘗試一種近正午的新用餐方式，先以茶或咖啡、橘子醬和其他早餐餐點開始，再慢慢吃更飽實的食物？省去周日早起的需要，早午餐讓周六夜狂歡的人日子更輕鬆惬意。』」

引用自《早餐之書》（The Breakfast Book）
作者：安德魯‧道比 Andrew Dalby

　　雖然，我們現在吃早午餐已不再是為了能在周六夜晚盡情狂歡，但在這個大家熱切追尋「小確幸」的時代，我們總是往外追求有創意、有氣質的咖啡館，又或是有故事、有美食的小餐廚，不過，是否因此忘了在家吃、動手做的感受？

　　穿著輕鬆的睡衣，帶著飽足的精神做一頓色香味俱全的國王早午餐，無論是獨自享用、還是吆喝一家大小起床共享，又或是邀請三五好友親密約會，這一桌自家的週末餐桌，沒有時間與空間的限制，隨興又放鬆的氣氛豈不是更迷人呢！

　　一頓療癒的早午餐時光，應該是從進廚房的那一刻就是令人享受的。有些費工夫的料理，就搭配簡單的蔬果汁和現煮咖啡。稍微分配料理的順序，才不至於手忙腳亂。不過，若是有幫手一起就更好了，邊煮邊吃也是一段開心的時光。最重要、最重要的是，請一定要好好享受這一段親手料理的美好時光～

寫在前面

廚房裡的重要小事

這本食譜裡的內容都是來自我們家的兩人餐桌，所以撰寫的食譜主要也是以兩人份為主。若是超過兩人分量，食譜會特別註明。

説一説廚房工具

編排食譜組合時，雖然已盡力考量到力求不複雜，但擁有一些基本的調理器具還是必要的。有了這幾樣基本工具，不但可以縮短煮食的時間，端上桌的食物樣貌也會加倍誘人。

食物處理機
直立式攪拌棒（Hand Blender）
電熱水壺
片薄器
刨絲器
磨泥器
烤箱
量杯
量匙
不沾平底鍋
小湯鍋
平木鏟
咖啡壺／摩卡壺

我的食物櫃

（食譜裡常使用的基本食材清單）

基本鮮食
雞蛋
無鹽奶油
培根
燻鮭魚
無糖優格
蒜頭
黃檸檬
牛奶
各色甜椒
白蘑菇
各種起司，例如：帕馬森起司
（Parmesan）、切達起司（Cheddar）、
奶油乳酪（Cream Cheese）

乾燥食材
各式堅果與種籽（杏仁、腰果、榛果、
核桃、葵花子、黑芝麻、白芝麻）
庫斯庫斯（Couscous）
燕麥片（Rolled oats）
各式茶葉／茶包

香草類
（這本食譜裡使用的大部分是新鮮的香草）
百里香
薄荷
羅勒
鼠尾草
迷迭香

調味品
法式 Dijon 芥末醬
現磨黑胡椒
鹽
巴薩米克黑醋
酸豆（Capers）
乾辣椒碎片
肉桂棒／粉
紅椒粉（Parprika）
醬油
砂糖
黑糖
蜂蜜

油品
橄欖油
初榨橄欖油
芝麻油

其他
氣泡水
中筋麵粉
黑橄欖

計量單位

1 杯 cup =250ml
1/2 杯 cup=125ml
1/3 杯 cup=80ml
1/4 杯 cup=60ml

一大匙 =1Tablespoon=15ml
一小匙 =1Teaspoon=5ml

目 錄

春日暖陽下
鹹甜幾分

- *A* 蘑菇甜椒番茄歐姆蛋
- *B* 炙甜桃火腿沙拉
- *C* 熱薄荷茶

　　三月的英式春天，日光總看似溫暖，但氣溫卻仍令人直打哆嗦。幸好，隨著夏令日光節約時間的轉換，白天的時段延長了，能曬到陽光的機會也因此增加，心情自然也逐漸變得「春天」了起來。

　　在舒服的微涼氣溫中醒來，習慣先倒一杯摻鹽溫水醒醒胃，而思緒則下意識地想起這套正適合這種溫度、這段時節的早午餐。綴滿豔紅橙黃的蔬食鍋料理，底層帶有微微焦香，稍稍凝固的上層則蛋香四溢、色彩誘人。將燙手的平底鍋直接端上桌，各自鏟起想吃的分量，不忘搭配溫熱的新鮮薄荷茶。

　　薄荷茶可是前年自阿姆斯特丹的運河之旅所帶回的美好回憶。那日同屬微涼春天，我坐在荷蘭 Eye 電影博物館裡，隔著港灣與中央車站對望，河上風光盡收眼底，船隻行旅穿梭來往，當時手心捧著的薄荷茶所傳來的溫度，時至今日仍留在腦海裡沒有散去。

　　餐後來份鹹甜交錯的炙甜桃火腿沙拉，利用炙烤（grill）的技巧，替桃子增添點焦香味之餘，更能帶出水果的自然甜味。上桌前淋少許初榨橄欖油即可，不須多餘的華麗醬汁，果味與鹹香就是最完美的搭配。

　　伴侶的自在相處不也如此？不須天天驚喜大餐，花點心思料理早午餐，靜下心來品味每道食材的細膩口感，餐後繼續坐在桌旁各做各的事，閱讀、上網、聽廣播都好，在自家閒適地以最舒服的姿態「各自」享受著幸福的「兩人」時光。

蘑菇甜椒番茄歐姆蛋

― 材 料 ―

蘑菇　4 朵　　　　　　　大蒜　1 瓣

黃椒　1 顆　　　　　　　小番茄　4 顆

紫洋蔥　1/2 顆　　　　　橄欖油　1 小匙

雞蛋　3 顆　　　　　　　鹽　1 小匙

新鮮百里香　1 小匙　　　水　1 小匙

― 步 驟 ―

這道菜是以簡單料理為原則，翻找一下冰箱裡可用的食材，選擇烹煮時較不易出水的蔬菜即可，像是玉米粒、洋蔥丁、青豆、櫛瓜、酪梨、火腿丁等等皆可。建議避免使用青椒，青椒的味道過於強烈，不適合用於烘蛋料理。

首先用刷子刷除蘑菇上沾附的泥土，刷乾淨後切成薄片。甜椒與紫洋蔥略切成小丁，蒜頭切成細末。打散雞蛋時可以加進一小匙水，此舉具有讓烘蛋變得蓬鬆的效果。接著用叉子稍微大力地把蛋汁打勻。

一匙橄欖油入鍋，蒜頭和蘑菇先下鍋小火拌炒，等到蘑菇表面開始有點濕潤，即可加入百里香和黃椒略炒 2 分鐘，接著倒入蛋液。

蛋液下鍋後持續維持小火，讓歐姆蛋先由底層慢慢烘熟。等到底層歐姆蛋都差不多凝固之後，這時拿個鍋蓋蓋著燜一下，表層的蛋液就會熟了。

炙甜桃火腿沙拉

— 材 料 —

甜桃　2 顆
帕瑪火腿（parma ham）　3 片
帕馬森起司　1 大匙
水芹　隨意
初榨橄欖油　1 大匙
薄荷葉或羅勒葉　隨意
法式棍子麵包　隨意

— 步 驟 —

甜桃洗淨後，將水分稍微擦乾，切對半去核。加熱鑄鐵橫紋平底鍋（也可以平底鍋乾煎加熱）。

將切片的甜桃切面朝下置於燒熱的橫紋鐵鍋上，炙燒約 1 ～ 2 分鐘上色即可。盤中擺上撕成小片的帕瑪火腿、桃子和水芹，刨些帕馬森起司、淋上初榨橄欖油，最後撒上薄荷葉或羅勒葉即完成。

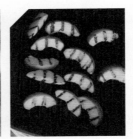

熱薄荷茶

— 材 料 —

新鮮薄荷　一把
蜂蜜或細白糖　1 大匙
溫水　500ml

— 步 驟 —

雖然以茶為名，但其實是新鮮薄荷葉沖入溫水並加入細白糖調味（荷蘭旅遊時學到的喝法）。

在家裡製作，可以用些許冷水沖開蜂蜜替代砂糖，再於杯中放滿新鮮薄荷，沖入溫水即可。薄荷水多了一層蜂蜜香甜，更適合微涼的春天。

新居初日的
雙人早餐

A 鳳梨雞肉串
B 酪梨芒果莎莎醬
C 檸檬薄荷鳳梨片
D 薑汁檸檬蜜茶

" Family, where life begins and love never ends. "

　這些年在不列顛大島上一再移居遷徙的日子，總算告一段落了，我們終於擁有了專屬自己的小窩。心底那股沉甸甸卻又踏實的安定感，讓人感覺暖暖的。

　想起兩人相依為命的日子裡，廚房自然而然成了家中的靈魂重心，畢竟生活開支的預算有限，早午晚三餐必須都得在家解決。不過，也在這一餐一餐的煮食練習中，我們極度思鄉的胃口才得以稍稍被填補、安撫。

　既然是喬遷新居之喜，在邀約友人前來一同慶祝前，我們兩人先在家裡舉行了一場以 BBQ 派對風格為主題的私人晨間慶祝會。

　帶著酸甜鳳梨風味的烤雞肉串、色彩繽紛的蔬果莎莎醬把餐桌妝點得熱鬧非凡，拿起一串雞肉串直接送入口中或是舀上一匙莎莎醬一起包進生菜，這兩種吃法都各有其樂趣。嚐一口雞肉，再來杯帶著氣泡的檸檬蜜茶，隱約透出的薑汁氣息令稍顯冰涼的飲料也帶著一股暖意。

　只有我們兩人的私人慶祝會，好似未來等在眼前的生活，可能會有點酸酸的，也可能帶點甜，但可以確定的是暖意及清新將長伴左右。

鳳梨雞肉串

― 材 料 ―

去骨雞腿肉　3～4 片
鳳梨丁　1 杯
新鮮百里香 1 大匙
鹽　1 小匙
黑胡椒　隨意
橄欖油　1 大匙
檸檬　1/2 顆
竹籤　4～5 根

醬汁
檸檬　1/2 顆（榨汁）
泰式甜辣醬（sweet chili sauce）
　2 大匙

― 步 驟 ―

新鮮鳳梨和雞腿肉切成同等塊狀且宜入口的大小，將鳳梨和雞肉交錯串入竹籤。然後以黑胡椒、鹽、百里香、橄欖油略醃 15 分鐘。

待橫紋鑄鐵鍋燒熱後，大略挑除雞肉串上的醃料（否則容易燒焦）。雞肉兩面煎烤至金黃色全熟即可。

註：若是使用烤箱烹調，建議竹籤先泡水約 30 分鐘，使用前以廚房紙巾略為擦乾，此步驟可避免竹籤被烤得焦黑。

酪梨芒果莎莎醬

一 材 料 一

酪梨　1 顆

芒果　1 顆

紫洋蔥　1/2 顆

香菜　隨意

檸檬汁　2 大匙

鹽　1/2 小匙

黑胡椒　隨意

辣椒丁　1/2 大匙

初榨橄欖油　2 大匙

萵苣心（lettuce）　1 顆

一 步 驟 一

以果核為中心，先用刀的前緣沿著酪梨的長邊劃一圈，切開果肉，左右手各握一半，反方向轉開即可將果核與果肉輕鬆分開。我喜歡先畫格子（小丁）或畫線（片狀），再用小湯匙輕鬆挖起果肉。至於留有果核的另一半，則用刀尖小心挑起果核。

芒果和紫洋蔥均切成和酪梨大小相近的丁狀。辣椒對半切開後去籽，切成小細末，香菜則略切為小段。所有食材和調味料均勻混合後即可。

萵苣心剝開洗淨後瀝乾水分，可用來包莎莎醬和鳳梨雞肉串同食。

檸檬薄荷鳳梨片

― 材 料 ―

（ 分量可依喜好調整 ）
鳳梨
綠萊姆皮屑
薄荷葉
蜂蜜

― 步 驟 ―

將鳳梨切成約 5mm 厚的薄片，加 1 匙蜂蜜一起
蜜漬約 10 分鐘。

上桌前灑上切碎的薄荷葉和檸檬皮屑，稍微攪拌
均勻後即可。

薑汁檸檬蜜茶

― 材 料 ―

薑汁糖漿　4 大匙
檸檬汁　4 大匙
紅茶包　3 個
熱水　250ml
氣泡水　約 400ml
冰塊　少許

― 步 驟 ―

取 3 個紅茶包放入茶壺，沖入 250ml 的熱水，浸
泡 5 分鐘後取出茶包並放涼，即為較濃的紅茶。

拿兩個玻璃杯，每杯各加入 2 匙薑汁糖漿、2 匙
檸檬汁及少許冰塊。將紅茶茶湯平均倒入杯中，
再斟入氣泡水至八分滿即可。

薑汁糖漿

　　原先對於「薑料理」的想像其實很中式，不外乎是以薑絲、薑片入菜，像是蒸魚、炒菜或是甜湯、甜茶等等，總脱不了去腥提味、驅寒進補的用途。在臺灣，夏天似乎沒有以薑入料理、茶飲的習慣。

　　這幾年在英國吃到了甜甜薑味的餅乾（薑餅人）、喝到啤啤波波氣泡十足的薑汁汽水、薑汁啤酒。翻閱食譜時，學到了在蔬果汁添加些薑汁的配方，意外地發現到酸甜果汁中帶點薑辣的微妙滋味，竟是如此合拍。此外，薑的抗氧化、抗發炎效果可是強過許多蔬果，在西方人眼中是超級食物！

　　氣溫還透點涼意的春天裡，若是剛好有用不完的薑段，我會拿來煮成一小瓶濃縮薑汁糖漿備著，日後晨起泡杯熱巧克力或是煮鍋濃奶茶也好，加一小匙薑汁糖漿，隨手就能調出甜甜暖暖的可口飲品，心暖胃也暖了。

－ 材 料 －

白砂糖　1/2 杯
水　　1/2 杯（125ml）
薑　　約一拇指節

－ 步 驟 －

取約 3 公分長的薑段並稍微刷洗外皮。直接削皮也無妨，連皮一起煮的薑汁顏色會稍微較深，請依個人習慣就好。

薑段磨成泥後和白砂糖、水一起入醬汁鍋，中火煮至滾後轉成小火，要記得攪拌，避免薑汁因太黏稠而燒焦。持續加熱 5 ～ 10 分鐘，用湯匙背面沾一下糖漿測試，感覺湯匙上的糖漿稍顯黏稠即可關火。

等薑汁糖漿冷卻後，以濾網過篩，就可以裝入消毒過的玻璃瓶中，置於冰箱冷藏約可保存兩星期。

- 推薦飲品 -

薑汁巧克力牛奶

牛奶　250ml
巧克力塊　50 克
可可粉　1 大匙
薑汁糖漿　1 大匙

將牛奶倒入深醬汁鍋內加熱，牛
奶開始微微冒泡，趁未沸騰時轉
為小火，加入掰碎的巧克力塊，
以打蛋器徐徐攪拌。接著加入巧
克力粉繼續攪拌，待其全數溶解
後加入薑汁糖漿。最後攪拌至液
體呈現光亮絲滑感即可。

薑汁氣泡水

氣泡水　200ml
薑汁糖漿　1 大匙
冰塊　少許

又愛又餓的
賴床小劇場

A　風乾生火腿捲蘆筍佐荷蘭醬
B　羅勒番茄
C　西洋梨蜂蜜麥片優格
D　蜂蜜豆奶咖啡

星期天的早晨，總是得經歷一段舉棋不定的矛盾時光。

臥房的其中一角是個斜屋頂，斜斜的天花板上開了一個天窗，天窗下方便是床鋪所在。很幸運地，假日總能賴在床上恣意享受頭頂上的暖陽，心想「再睡一下下就好」。但任性賴床的同時，又一邊嘴饞地想著「啊～肚子好餓喔，天氣這麼好，應該來做些豐盛的早午餐才是」。

這種兩邊拉鋸的矛盾念頭，每到了週末早晨總是在腦中盤旋不去，畢竟這是一週裡難得可以好好吃早餐、不需要為工作奔忙的日子，總是不希望就這麼白白浪費了。

春季是蘆筍的季節，價格也變得便宜許多，冰箱裡自然是少不了這樣蔬菜。稍微鹹一些的 Prosciutto 火腿，就搭配調得稍微酸一點的荷蘭醬（Hollandaise sauce）好了。蘆筍、水波蛋和荷蘭醬永遠都是早午餐的經典組合啊！明明我人還躺臥在床上，但腦袋已經開始構思菜色了。

另外，再鋪上一層新鮮番茄丁則是我個人推薦的私房祕訣，濃郁醬汁和重口味的鹹香火腿，因為番茄的清新氣味而調和得均衡完美。相較於經典的半熟水波蛋，我建議的番茄版本較為清爽開胃，請務必一試！

風乾生火腿捲蘆筍

― 材 料 ―

風乾生火腿（Prosciutto）　5 片　　　　配料

蘆筍　10 根　　　　　　　　　　　　　水波蛋

鄉村麵包　2 片　　　　　　　　　　　・雞蛋　1 顆

― 步 驟 ―

先將每片火腿依長邊切成 2 片細長的火腿片。建議烹煮前才將火腿自冰箱取出，否則在室溫下油脂容易軟化，火腿會變得油油、軟軟地不易操作。

去除蘆筍根部的粗纖維部分。每根蘆筍捲上一片細長火腿片，以中火煎約 5 分鐘即可。起鍋後鋪放在烤過的鄉村麵包上，不用特別瀝乾油脂，因為這也是美味來源喔！

接著是水波蛋，請務必使用新鮮雞蛋，可明顯看出蛋白有兩個部分，最外層的蛋白較稀。將蛋打進小型濾網中，過濾掉外層較稀的部分。

煮一鍋水，水滾後熄火。接著小心把蛋「滑」入鍋中，重新開小火煮蛋，保持水熱但不沸騰的狀態，因為沸騰的水會使蛋包散開。當蛋白成形後，用湯匙輕輕撈動蛋包，確保底部沒有黏鍋。

小火煮 6 ～ 7 分鐘，即為蛋黃半熟的狀態。小心撈起蛋包，置於廚房紙巾上稍微把水分吸乾後，疊在火腿捲蘆筍的上方，食用前淋上荷蘭醬。

荷蘭醬的作法請參照 36 頁。

羅勒番茄

— 材 料 —

番茄　1/2 顆
新鮮羅勒葉　1 大匙
橄欖油　1 小匙

— 步 驟 —

番茄去籽後切成小丁,拌入切得細
碎的新鮮羅勒葉及橄欖油。

蜂蜜豆奶咖啡

— 材 料 —

無糖豆奶　130ml
濃縮咖啡　25ml
蜂蜜　2 小匙

— 步 驟 —

豆奶以電動奶泡機加熱,或微波爐加熱 1 分半
鐘後與黑咖啡混合即可。依個人喜好加入蜂蜜。
建議選用品質較好、無添加其他風味的豆奶或豆
漿,風味將大幅提升。

西洋梨蜂蜜麥片優格

─ 材 料 ─

西洋梨　1 顆
麥片　4 大匙（依個人喜好調整）
希臘優格　100ml
蜂蜜　2 小匙
綠萊姆皮屑　隨意
碎杏仁果粒　隨意

─ 步 驟 ─

西洋梨洗淨連皮切成丁，加 2 小匙
檸檬汁，避免迅速氧化。

大碗中依序添入無糖優格、麥片、
碎杏仁果粒、西洋梨丁。食用前淋
上蜂蜜、刨點綠萊姆皮屑，藉此增
添香甜清新的氣息。

荷蘭醬

　　若想在自家端出媲美咖啡館水準的 Brunch 餐點，建議你一定要學會自製荷蘭醬（Hollandaise Sauce）。這道以蛋黃、奶油、檸檬汁（或醋）、胡椒、鹽五種基本材料攪拌而成的調味醬汁，吃起來口感濃稠、滑順，還帶著點微酸的滋味。

　　此外，Brunch 愛好者想必都對早午餐定番——班乃迪克蛋——感到難以招架。英式瑪芬由下而上堆疊起火腿和半熟水波蛋，再淋上那一層絲綢柔滑的黃澄醬汁。當一刀切下後，半熟蛋液緩緩流出，與微酸的荷蘭醬融合，再加上鹹香火腿和軟 Q 麵皮，堪稱絕配。

－ 材料 －

蛋黃　2 個
水　1 大匙
奶油　80ml
鹽　1 小匙
白胡椒粉　1 小匙
檸檬汁　10ml

– 步 驟 –

奶油微波 20 秒融化為液狀後備用。融化後的奶油會分為上下兩層，講究點的作法是僅使用上方的澄清奶油。

在大盆中打入蛋黃並加冷水，攪拌至有點變成淡色濃稠細泡沫狀。接著，燒一鍋熱水，熱水燒開後即可離火。將蛋液置於大盆中放在熱水鍋上方隔水加熱。記住大盆底部不可以直接碰到熱水，否則當蛋液過熱，蛋黃熟了就凝固囉！

一邊以同方向不停地攪拌蛋液，一邊分次緩緩加入液狀奶油。每次加入奶油後，可緩緩攪拌，至奶油融入蛋液、沒有油光後，再接著倒入一些，直到呈現出絲綢紋路的乳霜狀，接著加入檸檬汁、鹽、胡椒粉調味即可。

完成後繼續以隔水加熱的方式保溫，避免醬汁凝固。未使用完畢的醬汁可冷藏保存數日。食用前，請同樣用隔水加熱的方式加熱。特別注意若加熱太快或溫度過高，有可能導致油水分離。不過荷蘭醬還是以當天現做的最為美味。

皇家玫瑰園的
早午餐之約

A 香蕉麥片瑪芬
B 燻鮭魚起司抹醬＋蔬菜棒
C 鳳梨蘋果茶

這可是我最愛的 Picnic 組合！

　　每年春天是英國各庭園、森林最熱鬧的時候了，各式花朵輪番盛開，三月是水仙，接著是櫻花，五月初則是藍鈴花季。藍鈴花是我最喜歡的花朵，花期只有二到三週，大樹下越是草叢茂密之處，就越能發現這群鋪天蓋地、草毯般的藍色精靈。

　　又或是到了六月初夏，倫敦攝政公園裡的瑪麗皇后庭園會有八十多種不同品種的玫瑰齊力綻放，而這時也是我和好友定期相約聚會野餐的日子。一次帶上十二顆瑪芬，絕對足以滿足同行的友人們。

　　而蔬菜棒和抹醬的組合，恣意又隨興，大家都可以自己動手來，同時免去了湯湯水水的困擾。水果茶泡好，靜置一陣子後，將變得更入味好喝。像這樣有美景、佳餚、好友相伴的 Brunch 約會，絕對是每年都要舉辦的例行活動。

　　全麥香蕉瑪芬，只要使用一根湯匙就能完成，而且三十分鐘內就可搞定，不必特地起了個大早準備，這道料理絕對是外出野餐的首選！若野餐結束後還有沒吃完的瑪芬，只要淋些蜂蜜，頓時成為下午茶的點心，美味更是加倍。

香蕉麥片瑪芬（約 12 個）

一 材 料 一

全麥麵粉　1 又 1/2 杯（約 175 克）
即食麥片　1 杯（約 55 克）
白砂糖　1/2 杯（90 克）
泡打粉　2 小匙
小蘇打粉　1 小匙
鹽　1/2 小匙

雞蛋　1 顆
牛奶　3/4 杯（180ml）
蔬菜油　1/3 杯（80ml）
香草精　1/2 小匙
香蕉泥　1 杯（約 230 克）
堅果粒或種籽　隨意

一 步 驟 一

烤箱預熱至 190℃。

將熟透的香蕉用叉子搗成泥狀後，和雞蛋、牛奶、香草精及蔬菜油一同攪拌均勻。

接著將所有乾料混合在另一個大碗裡，再倒入泥狀材料，輕巧攪拌均勻即可。記得盡量不要攪拌過度，全麥麵粉若出筋了，將會影響膨發的程度。

把瑪芬烤模放上烤紙，注滿麵糊至接近烤紙邊緣，以 190℃烤 20～25 分鐘。放入烤箱前，麵糊上可灑些麥片、堅果仁或葵花籽稍加裝飾。

燻鮭魚起司抹醬＋蔬菜棒

— 材 料 —

奶油起司（cream cheese）　100 克
煙燻鮭魚　30 克
橘子　1/2 顆
西洋芹、紅黃椒、紅蘿蔔　隨意

— 步 驟 —

先將橘子對切後取出果肉部分，注意盡量避免擠破果粒。

燻鮭魚切成細丁後，和橘子果肉一同混入奶油起司中，磨些黑胡椒即完成。

將新鮮的蔬菜切成細長條狀，此為容易沾取抹醬的大小。建議可以多選擇一些根莖類或偏硬的蔬菜，像是洋蔥、黃瓜、稍微川燙過的小玉米或蘆筍。

鳳梨蘋果茶

— 材 料 —

英式早餐茶包　2 個
水　500ml
鳳梨　約 20 克
蘋果　約 20 克
薄荷葉　隨意

— 步 驟 —

水燒熱至微滾。放入茶包後轉為小火續煮 2 分鐘。

熄火取出茶包，將鳳梨和蘋果切成適合入口的大小後，浸泡於茶中 5 分鐘。待水果的香甜味融入茶汁後，再添點新鮮薄荷葉，就有一杯熱呼呼的水果茶了！

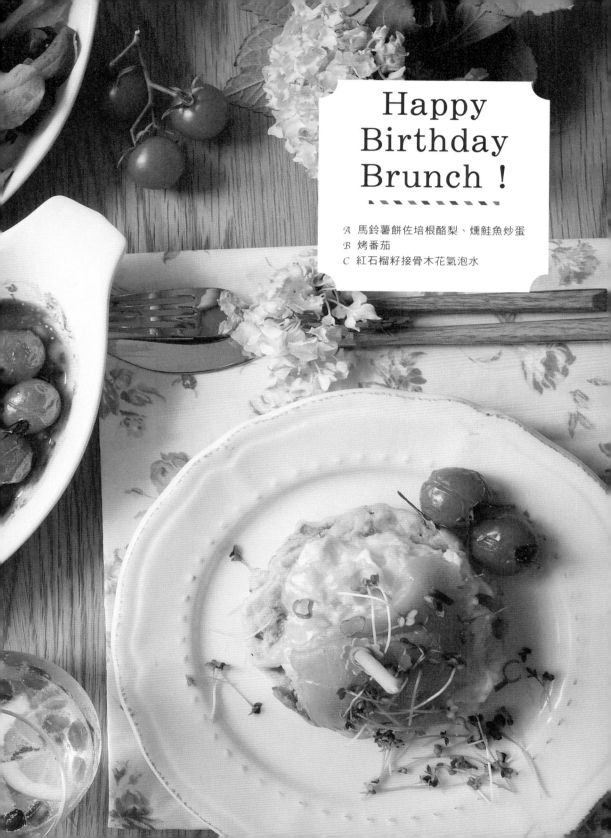

Happy
Birthday
Brunch！

A 馬鈴薯餅佐培根酪梨、燻鮭魚炒蛋
B 烤番茄
C 紅石榴籽接骨木花氣泡水

慶生，一年裡最重要的小事。

慶生場合一向非我擅長，特別是當自己是壽星時，成為眾人的目光焦點，而我只會面露尷尬地僵笑著。也因為這樣的個性使然，比起盛大熱鬧的派對活動，我更喜歡簡單自在的兩人慶生會。

「就從一頓特別的早午餐開始吧！」一大早心裡如此盤算著，如果生日當天的第一餐就能吹到蠟燭、許下第一個願望，將會是多麼令人嘴角上揚的幸福畫面啊！即便只是簡單的一餐，但只要花些心思，不須使用華麗昂貴的食材，同樣能讓這頓早午餐變得意義非凡。

　餐桌主角——小蛋糕——是用層層疊起的馬鈴薯煎餅喬裝而成的，在金黃酥軟的煎餅插上一根藍色小蠟燭獨挑大樑。帶著微微醋香、烤到甜滋冒泡的小紅番茄和鵝黃色澤的嫩炒蛋，則是今日的餐桌配角。

　鋪上白底綴著小藍花的布巾當作餐墊，接著從陽台剪下一朵盛開的藍綠色繡球花，擺放在你我之間。藍的、紅的、黃的，各自完整了這一桌美好。一份燻鮭魚炒蛋薯餅是我的、一份培根酪梨薯餅是你的，口味有些不同，但保證同樣美味。Cheers ！對碰著這杯透著粉嫩色澤的氣泡偽香檳，平凡而幸福的餐桌風景，讓這個重要的小日子有了令人印象深刻的開端。

馬鈴薯餅佐培根酪梨、燻鮭魚炒蛋

— 材 料 —

馬鈴薯餅

· 馬鈴薯　約 210 克
（盡量選擇比較乾鬆（floury）的馬鈴薯品種）
· 中筋麵粉　50 克
· 青蔥細末　1 大匙
· 鹽　1/2 大匙
· 黑胡椒　隨意
· 奶油　1 大匙
· 泡打粉　1/4 小匙

嫩炒蛋（scrambled egg）（一人份）

· 雞蛋　2 顆
· 奶油　約略 1 大匙
· 牛奶　1 大匙

其他配料

· 培根　1 片
· 酪梨　1/2 顆
· 燻鮭魚　隨意
· 水芹（salad cress）　隨意
· 初榨橄欖油　1 小匙

— 步 驟 —

首先製作馬鈴薯餅。馬鈴薯洗淨後，連皮切成小塊狀放入大鍋，加入熱水和鹽，水滾後再煮約 10 ～ 15 分鐘（或筷子可輕鬆戳進馬鈴薯的程度）。煮熟後瀝乾，稍微放涼。

將冷卻後的馬鈴薯壓成粗塊的泥，加入過篩的麵粉（plain flour）、泡打粉、青蔥末、奶油、鹽和黑胡椒，以大木匙略為攪拌均勻。把薯泥團均分為四等分，稍稍整形壓扁。

在平底不沾鍋中抹一層薄薄的油（加一小匙油，再用廚房紙巾擦拭鍋面）。薯泥團下鍋後，壓扁成大約 0.5 公分厚的薄餅。小火慢煎至金黃即可。

接著是嫩炒蛋。2 顆雞蛋打散後繼續攪打約 1 分鐘，盡量讓蛋液充滿空氣。接著加入牛奶後攪拌均勻。

奶油入鍋以小火加熱，融化後立刻倒入蛋液。邊緣蛋液一旦稍微開始凝固，便以鍋鏟往中間推。重複用推拌的方式炒蛋，約七分熟便可起鍋，以免餘溫使炒蛋過熟。

最後則是其他配料。將酪梨切片，培根切成小丁，將所有其他配料以中火煎至金黃酥脆。

烤番茄

― 材 料 ―

小番茄　約 10 顆
巴薩米克黑醋（balsamic vinegar）　1 大匙
蜂蜜　1 大匙
新鮮百里香（thyme）　1 大匙
橄欖油　1 大匙

― 步 驟 ―

番茄洗淨後淋上巴薩米克黑醋、蜂蜜及橄欖油，撒上百里香即可。

烤箱以 200℃烤約 20 分鐘（或番茄稍微有些迸開）。可用任何品種的番茄替代，牛番茄切成大塊或厚片也可以。

紅石榴籽接骨木花氣泡水

― 材 料 ―

氣泡水或蘇打水　500ml
接骨木花糖漿（elderflower cordial）　2 大匙
紅石榴籽　1/2 顆
黃檸檬片　2 片

― 步 驟 ―

接骨木花糖漿與氣泡水調勻後，將紅石榴籽及黃檸檬切片加入杯中即可。

可另取 10 ～ 15 顆紅石榴籽擠破後，將汁液倒入杯中，讓紅色汁液慢慢擴散，會看見漂亮的粉紅色澤喔！

倫敦私房
散步野餐

A 日式味噌豬排三明治
B 甜菜根蘋果沙拉
C 鼠尾草葡萄柚氣泡果汁

「日光已經是初夏的了。在星期天下午溫暖的陽光下，每個人看來都那麼幸福。」在接近春季的尾聲，總能令我想起《挪威的森林》書中的這段文字。

時序即將進入夏季，白天也逐漸變長，窗外好天氣時，我會特地早起做個好吃的三明治帶出門，散步。最喜歡的散步路線是從泰晤士河旁的聖保羅教堂為起點，在小廣場下，有時剛好能聽見從教堂傳來的鐘聲。

教堂旁邊有間連鎖烘焙店 Le Pain Quotidien，我在這兒第一次嘗試甜菜根、蘋果和紅蘿蔔的果汁組合，剛開始對這紅紅紫紫的果汁顏色感到猶豫，但是入口後，發現果汁酸中帶甜、清爽順口，還帶點蘋果的香氣，挺喜歡這種組合的！自此之後，甜菜根也成了我偶爾會購入的餐桌食材。

帶著買好的果汁，繼續朝南邊往泰晤士河而去，便是千禧橋了。漫步走過千禧橋，前方便是南岸的泰特現代藝術館。站在千禧橋中央，往東邊瞧是古典美麗的倫敦塔橋。走入泰特現代藝術館的書店區之前，我會在展館前的綠地廣場挑個面河的座椅，向著太陽取暖，身心放鬆地品嚐著自備的朝食。

陽光下，每個人看起來都是如此地幸福，真正的。

日式味噌豬排三明治

— 材 料 —

豬梅花肉片　2～3 片　　　　　　　　醃醬
全麥雜糧吐司　4 片　　　　　　　　・味噌　2 大匙
小黃瓜　隨意　　　　　　　　　　　・糖　1 小匙
洋蔥絲　隨意　　　　　　　　　　　・醬油　1 大匙
牛番茄切片　隨意　　　　　　　　　・米酒　1 小匙

— 步 驟 —

肉片可先用肉槌敲打使肉質變鬆軟，並略敲為薄片。以廚房剪刀剪斷白色的筋，煎的時候肉片才不致捲曲。

醃醬調和均勻後，塗抹在豬肉片上醃 30 分鐘左右。也可以提前一天醃製，不僅更入味，也能縮短料理時間。

豬排烹調前可用湯匙把醃醬刮掉一些，過多的醬料會容易讓豬排表面變得焦黑。平底鍋用中火燒熱，豬排下鍋後煎至表面有點焦後再翻面。兩面煎熟後起鍋放涼。

準備一盆冰水。洋蔥順著紋路切成細絲，切絲後放入冰水冰鎮，食用前瀝乾。順著紋路切洋蔥比較不會破壞洋蔥細胞，而且會比較鮮甜。縱切的話洋蔥口感較辛辣。

味噌豬排肉片和黃瓜片、番茄片、冰鎮洋蔥絲一同夾入烤得酥香的全麥吐司。

甜菜根蘋果沙拉

― 材 料 ―

甜菜根　1 顆（切薄片）
蘋果　1 顆（切薄片）
櫻桃蘿蔔　2 顆（切薄片）
蜂蜜芥末醬汁
・蜂蜜　2 大匙
・法式 Dijon 芥末醬　2 大匙
・初榨橄欖油　3 大匙

― 步 驟 ―

先把蜂蜜芥末醬汁的所有材料攪拌均勻備用。

新鮮甜菜根、蘋果和櫻桃蘿蔔洗刷乾淨不去皮，
上桌前用切片器切成約 3mm 的薄片。

將所有蔬果放在大碗中，淋上蜂蜜芥末醬汁，稍
微搖晃（或用雙手）拌均勻後再擺盤，上桌前磨
些黃檸檬皮屑即可。

鼠尾草葡萄柚氣泡果汁

― 材 料 ―

新鮮鼠尾草　約 6 葉
粉紅葡萄柚　1 顆
氣泡水　400ml
冰塊　隨意

― 步 驟 ―

新鮮鼠尾草稍微用冷開水洗淨後擦乾。取 2 ～ 3
片鼠尾草以研磨砵搗一搗出汁成泥，其餘留作裝
飾。接著將葡萄柚擠汁備用。

在長杯中先加入冰塊及氣泡水，接著緩緩倒入葡
萄柚原汁和鼠尾草汁，形成漂亮的漸層，最後加
入鼠尾草葉裝飾。

在倫敦，
餓了就去 Borough Market

Borough Market，這個座落於倫敦橋南岸的市場，昔日是倫敦人日常買菜的交易集散地，現今則是倫敦最具歷史且最大的食物市場之一。

身為倫敦觀光的必遊市集，觀光化所帶來的影響自然不在話下。但值得慶幸的是，除了市場充滿各國飲食的縮影，在此仍可一窺英國果菜市場的昔日樣貌。Borough Market 裡仍有販賣當地生鮮魚肉的攤位，攤位前吊著的野味雉雞、櫃台裡擺放著店家自製的風味香腸及肉派。也能找到幾家專賣英國產地的起司攤位，更別說從當地農家直送的青蔬鮮果了。

我很喜歡在早上九、十點之間來逛市場，這個時段的觀光客還不算多，大多是忙著準備開張的攤家。先在巷口轉角的 Monmouth 買杯咖啡，慢慢地晃進市場，看看食材也愛看人。

仔細觀察便會發現這時來光顧的大多是當地居民，提著籐製菜籃，採買的也多是青菜果物、魚肉生鮮。我有時甚至懷疑他們會不會就是餐廳的主廚呢！逛上一圈，我通常會採買一些不容易在超市裡看到的蔬菜，像是莖部色彩繽紛的甜菜（chard）、帶著金黃色澤的雞油菌菇（chanterelles），還有難以尋覓的新鮮白蘆筍，在這裡通通都有。

若是想要直接品嚐美食，建議可再晚點來，因為十一點前，專賣熟食的鋪子大都還在備料。由於大批湧進的觀光客們，市場內設有不少隨時能買了就走、站著就吃的各國小食攤。我的小小教戰守則是盡量不要挑分量太大的、避免容易產生飽足感的肉類，而且建議跟旅伴分食。

以下則是我私心推薦的必吃名單喔！

1. Kappacasein Cheese

一走進 Borough Market 一定會聞到
這攤濃濃的起司味，不同於別家攤位
銷售起司產品，Kappacasein 則是主
推熟食。放在特製機器 Raclette 下
的是英國 Somerset 當地農場生產的
Ogleshield cheese，整塊起司在機器
下烘烤到冒泡，再由老闆徒手抓起整
塊大起司，一口氣把融化冒泡的部分
刮下，澆在水煮馬鈴薯上，配上酸黃
瓜。這道單純不複雜的街邊小食，入
口的是香氣濃郁的起司香。如果你也
是起司愛好者，看看這繞著攤子排一
大圈的客人，就知道千萬不能錯過！

2. Total Organics

以販賣新鮮蔬果起家的 Total Organics
附設果汁 Bar，以有機蔬果汁為主打
商品，其中最熱門是小麥草汁，一個
Shot 賣兩鎊，生意可是好的不得了。
不敢喝純小麥草汁的人，也可以選擇
其他綜合果汁。

3. Pieminister

得過「BRITISH PIE AWARDS」（英國派餅金牌）的 Pieminister，是來到英國不能錯過的英式美食。使用 100% 英國產的豬肉及雞蛋，並且使用當地新鮮食材製作而成，派餅的選擇有甜有鹹。我推薦一定要嘗試牛肉腎臟艾爾啤酒派（Beef steak, kidney & real ale pie），傳統的英式派餅口味，內餡有燉得軟爛的牛肉和帶著蔬菜甜、啤酒香的醬汁，無論趁熱吃或放涼吃都適合。

4. New Forest Cider

販賣位於 New Forest（新森林）區的小鎮 Burley（伯利）自產的蘋果酒。可以選擇三種不同甜度的蘋果酒或是其他風味的自釀酒，像是梨子酒。如果無法決定要嘗試哪一種，就別客氣了，大膽試喝幾種吧！夏天時，來一杯冰涼酸甜的蘋果酒，是最棒的午後享受。如果是冬天的話，更不能錯過充滿肉桂香料味的熱蘋果酒。

最後，即使吃不下也要從 Bread Ahead Bakery 的麵包攤上滿滿的麵包中，帶一塊皮脆心軟的巧克力布朗尼和一大片橄欖佛卡夏麵包回家當點心，才算真正完成這一趟美食之行。撇除吃吃喝喝的行程，Borough Market 是一個可以一覽歐洲飲食文化的好地方。花上兩小時慢慢觀察，除了可以找到許多英國在地的新鮮食材，也可以品嚐到西班牙火腿、義大利的起司、印度風味咖哩、德式香腸堡等等，絕對不會失望的！

店家資訊

Borough Market　　　　http://boroughmarket.org.uk

1. Kappacasein Cheese　http://www.kappacasein.com
2. Total Organics　　　http://www.facebook.com/totalorganics1
3. Pieminister　　　　　http://www.pieminister.co.uk
4. New Forest Cider　　http://www.newforestcider.co.uk
5. Bread Ahead Bakery　http://www.breadahead.com

在世界級博物館裡的早午餐饗宴
── Victoria & Albert Museum | Café

來到倫敦，若有機會參觀維多利亞阿伯特博物館（Victoria & Albert Museum），千萬不要錯過它們的咖啡廳。這間咖啡廳據說是世界上第一間設置在博物館內的餐廳，用餐空間分別是 Morris Room、Poynter Room、Gamble Room，三間各有各的色調及氛圍，其中又以帶有大面彩繪玻璃的 Gamble Room 最為令人著迷。

環佈在四周牆面上的彩繪玻璃、挑高的水晶吊燈和精緻的磁磚壁飾，讓整體空間充滿了華麗感，是個相當令人驚喜的用餐環境。採半自助式的用餐形式，從早上十點開始提供咖啡、熱三明治、沙拉等早餐，也有現做的熟食午餐菜色，例如烤魚、烤雞等等，當然也有提供英式下午茶 cream tea、司康、蛋糕等組合。只要帶著你的餐盤，向服務人員點餐，再找位子入座即可。

在開始博物館行程之前，不妨先來這兒，點一份經典的 BLT 三明治（培根 bacon、萵苣 lettuce、番茄 tomato）和柳橙汁，又或是一杯黑咖啡配上微甜的法式杏仁可頌。在身心靈投入藝術之旅之前，先透過味蕾感受一下這華麗又充滿歷史感的咖啡廳，幸運的話，還能享受一段現場的鋼琴伴奏喔！

店家資訊

The V&A Café
網站：http://www.vam.ac.uk/
地址：Cromwell Road, London
　　　SW7 2RL, United Kingdom
電話：0207 942 2000
營業時間：每日 10:00 - 17:15（週
　　　　　五延長至 21:30）

與好友的
夏日慢食

A 蘑菇菠菜濃湯
B 卡布里沙拉佐棍子麵包
C 冷泡咖啡

　　每隔一段時間，住在倫敦的好友 Shu 就會趁著週末前來探探我們，她也藉此機會外出散心。每次見面時，「宅在家裡一起吃頓豐盛的早午餐」則成了我們心照不宣的默契。

　　好友相聚，不須精心規劃食譜，稍微翻看冰箱裡還有哪些食材，冷凍熟馬鈴薯、蘑菇、菠菜、番茄、起司等等，全都是家中的常備蔬菜。每次購入二公斤一袋的馬鈴薯時，我總是先將一小部分水煮後製作成馬鈴薯泥，分裝成小袋冷凍保存。之後煮濃湯時直接運用，就能節省不少時

間。番茄、起司等等則是三明治的必備食材，家中也從不缺少。週末近午，我們不急不徐地洗切煮炒，保持著優雅緩慢的料理節奏，潛意識認為如此才算符合今日的餐桌步調。

天氣變得稍稍悶熱，我們推開了陽台的門，把餐桌移過來擺在門邊。迎面拂來輕柔舒緩的涼風，手上捧著的微溫濃湯，溫度也因此變得更容易入口。我們一邊聊著生活瑣事，一邊不忘嚐幾口沾點濃湯的棍子麵包，自然地聊到一個段落時，專心啜飲一口冷泡咖啡，下一個話題於焉展開。

像這樣以叨絮閒聊、煮食分享打發的平凡週末，餐桌上所呈現的不只是一道道佳餚，更還有彼此發自內心交換的生活軌跡、人生想法、微小感動，這些日常生活所累積的真實片刻，才是餐桌上最美的風景！

蘑菇菠菜濃湯

— 材 料 —

馬鈴薯　120 克

嫩菠菜（spinach）　200 克

蒜頭　1 瓣

乾蒜粒　1 小匙

白芝麻　1 小匙（依個人喜好）

栗子菇　300 克（也可使用白磨菇）

乾燥百里香　2 小匙

鹽　2 小匙

橄欖油　1 小匙

辣椒末　1 小匙（依個人喜好）

鮮奶油　1 小匙（依個人喜好）

— 步 驟 —

馬鈴薯洗淨後不須削皮，切成小塊，連同去皮的蒜頭置於鍋中水煮至熟軟（約 15 分鐘）。等到馬鈴薯變得熟軟後，加入嫩菠菜煮至菠菜軟爛（約 5 分鐘）。接著以手持攪拌棒或果汁機將湯料打成濃稠的質感，加 1 小匙鹽調味。

栗子菇以毛刷稍微將表面泥土刷淨後切片。少許橄欖油、栗子菇切片及百里香一同下鍋拌炒，等到栗子菇開始縮小、變得濕潤即可。以 1 小匙鹽和少許黑胡椒調味。

菠菜濃湯以大碗盛裝後，鋪上 1 大匙炒栗子菇。不怕吃辣的人，建議可灑上些許細辣椒丁，會有意想不到的微辣滋味。如果喜歡較溫潤的口感，則建議淋上一圈鮮奶油，增添油潤濃滑的口感。

卡布里沙拉佐棍子麵包

一 材 料 一

番茄　2 顆
莫札雷拉起司　1 顆
羅勒葉　約 10 片
法式棍子麵包　半條
橄欖油　2 小匙
黑胡椒　少許

一 步 驟 一

先以廚房紙巾將莫札雷拉起司及羅勒葉擦乾水分，接著將番茄及馬自瑞拉起司切成約 5mm 的切片。

棍子麵包垂直切成 1 公分厚的小圓片，每片淋上些許橄欖油，以烤箱上火烤約 3 分鐘，使其酥脆。

圓麵包上先鋪第一層羅勒葉，避免麵包直接接觸起司或番茄而變得潮濕。接著疊上馬自瑞拉起司後，再鋪一層羅勒葉，番茄片則置於最上層。最後可灑些切得細碎的羅勒葉點綴。

冷泡咖啡

一 材 料 一

咖啡粉　50 克（因需過濾，不建議使用過於細緻的咖啡粉）
冷開水　550ml
牛奶　隨意

一 步 驟 一

需要在前一晚製作，看起來似乎有點麻煩，但其實一點也不喔！

在大量杯或水壺中加進咖啡粉及冷開水，稍微攪拌使咖啡粉均勻散布，蓋上保鮮膜或蓋子，置於冰箱冷藏。次日以棉布或細篩過濾（或是事先把咖啡粉裝入茶袋中浸泡，即可省略過濾的步驟）。

飲用時，請依個人喜好加入冰塊或牛奶。

挑動味蕾的
繽紛沙拉盤

A 核果嫩菠菜草莓沙拉
B 檸檬罌粟籽優格瑪芬
C 草莓杏桃奶昔

　　一年中難得溫暖的英倫夏日，正是我恣意大吃沙拉的時節。

　　英國的夏天雖說不上炎熱，但至少胃口不再那麼渴求著暖呼呼的熱食，可以好好品嚐當季蔬果的原汁鮮甜。「簡單吃，吃原味」是我製作沙拉料理時所秉持的原則，起司的奶味、水果的甜味與汁液、蔬菜的水感，這些都是最自然的調味，又或是以簡單的油醋酸味，引發人們的食慾。

　　我尤其喜歡把沙拉盤妝點得繽紛燦爛，準備食材時，先想的往往是怎麼配色，然後才考慮口味是否合宜。旁人可能無法理解，要吃下肚的食物不就是好吃最重要嗎？那可不！對於用心準備餐點、用愛料理的人而言，諸如採辦洗切的瑣碎過程，都是我們非常享受的一部分。

　　我曾站在起司攤前猶豫著該買藍莓起司還是杏桃起司，當時腦中便先想像著沙拉盤的畫面，綠色蔬菜夾著艷紅草莓，這時應該選藍莓起司還是杏桃起司呢？過不久，綴著嫩黃色杏桃起司的畫面就這麼自然而然地浮現！又或是在選擇果仁或種籽時，我總琢磨著是要灑點白色的杏仁片、咖啡色的去皮榛果仁、綠色的開心果仁還是小白點似的葵花籽。

　　這一個個千迴百轉的念頭，可都是料理人的真心誠意，而最後所呈現的美麗擺盤，可不光只是為了取悅同桌共食的人兒，更是歷經這些苦心後的自我獎勵。

核果嫩菠菜草莓沙拉

― 材 料 ―

草莓　6 顆
嫩菠菜　約 300 克
榛果仁　隨意
杏仁　隨意
酪梨　1 顆
杏桃起司　隨意

油蔥醬汁
初榨橄欖油　6 大匙
西式紅蔥（shallot）　2 小匙
新鮮檸檬汁　2 大匙
蜂蜜　1 又 1/2 小匙
鹽　1 小撮
黑胡椒　隨意

― 步 驟 ―

嫩菠菜洗淨後充分瀝乾水分。草莓及酪梨均切為小丁。
盛盤後再灑上核果仁及稍微捏碎的杏桃起司即可。
食用前依個人喜好淋上油蔥醬汁。

油蔥醬汁
西式紅蔥細切為約 2mm 小丁，均勻混合所有材料即完成。
（可以使用舊果醬瓶來調製醬汁，蓋上蓋子即可冷藏保存。）

草莓杏桃奶昔

― 材 料 ―

草莓　120 克（洗淨去蒂）
杏桃　160 克
牛奶　100ml
香蕉　1 根
蜂蜜　2 大匙
冰塊　少許（可不加）

― 步 驟 ―

先取 60ml 牛奶、半根香蕉、1 大匙蜂蜜和去核的杏桃（Apricot），以手持攪拌棒或果汁機打成果泥。完成的果泥先平均倒進 2 個高杯。

接著，取草莓、40ml 牛奶、半根香蕉、1 大匙蜂蜜，一樣打成果泥倒入杯中。在完成的漸層奶昔上，可以放些新鮮果粒點綴。

檸檬罌粟籽優格瑪芬 (10～12個)

― 材 料 ―

乾料

白砂糖　2/3 杯（約 136 克）

檸檬　1 顆（分別磨成皮屑和擠成汁）

中筋麵粉　2 杯（約 120 克）

泡打粉　2 小匙

小蘇打粉　1/4 小匙

鹽　1/4 小匙

濕料

無糖希臘優格　3/4 杯（約 180ml）

雞蛋　2 個

香草液　1 小匙

無鹽奶油　110 克

罌粟籽　2 大匙

― 步 驟 ―

烤箱預熱至 180℃。

無鹽奶油以小火或微波加熱至液狀，放涼至微溫不燙手的程度。

先將粉類過篩，在大碗中混合所有乾料。接著在另一個容器，先將濕料（包含檸檬汁）混合均勻，再倒入盛裝乾料的大碗中。

以最少的攪拌次數將麵糊攪拌均勻，千萬不要過度攪拌，否則瑪芬成品將會比較不膨鬆。

將麵糊均分到瑪芬模裡，麵糊高度盡量與模子等高，這樣瑪芬才會有比較漂亮的膨度。

送入烤箱前可灑上一些罌粟籽裝飾，烤 20～25 分鐘直至表面金黃。用竹籤測試瑪芬內部是否沾黏，如果還有些許麵糊，可覆蓋一層鋁箔紙，再多烤 5 分鐘。

香料奶油抹醬

　　香料奶油是我們家的常備食材，偶爾小量製作一甜一鹹的搭配，這樣隨時都能在餐桌上增添不同風味。

　　晨起，煮一壺咖啡，烤兩片帶邊的全麥吐司。咖啡煮好的同時，吐司也烤好了。在麥香撲鼻的酥烤吐司上，抹上一層肉桂蜂蜜奶油，吐司的溫度使奶油緩緩融化。又或是近午，取出大缽，拌一盆基本麵糊，專心做份厚鬆餅，再為自己煎兩片培根、太陽蛋。起鍋後的熱鬆餅上添一小塊起司乾番茄奶油，奶油微融便散發出淡淡的羅勒氣味。就是這些微小而確實的事前準備，豐富了我們的餐桌滋味。

— 材 料 —

• 肉桂蜂蜜奶油
　　無鹽奶油　60 克
　　蜂蜜　1 大匙
　　肉桂粉　1 小匙
　　鹽　1/2 小匙

— 材 料 —

• 迷迭香蒜味奶油
　　無鹽奶油　60 克
　　蒜頭末　2 瓣
　　新鮮迷迭香　1/2 小匙（切碎）
　　鹽　1/2 小匙
　　黑胡椒　1 小匙

－ 步 驟 －

請盡量使用品質較好的奶油及香料。如果
使用有鹽的奶油,請酌量減去鹽的使用量
即可。

將奶油自冰箱取出,放置在室溫下直到軟
化,大約是湯匙可以輕易切開的程度。在
大缽中用木湯匙將奶油攪打成滑順的奶油
膏狀,加入調味香料,攪拌均勻。拌勻後
的奶油如果太軟,建議可放回冰箱降溫,
5 分鐘後取出。

將香料奶油小心地鋪在烘焙紙或保鮮膜
上,捲成香腸狀,兩邊扭緊。冷藏成形後
切成約 1 公分的厚片,再放進冷凍庫冷
藏,以方便取用。

－ 材 料 －

•香草起司乾番茄奶油
　無鹽奶油　60 克
　帕馬森起司　2 大匙
　(Parmesan Cheese)
　新鮮羅勒葉　1 大匙(切碎)
　油漬乾番茄　1 大匙(切碎)
　鹽　1/2 小匙

－ 材 料 －

•草莓椰絲奶油
　無鹽奶油　60 克
　新鮮草莓丁　1/2 杯
　無糖椰子絲　2 大匙
　鹽　1/2 小匙

清爽鮮甜的
閑常早晨

- *A* 庫斯庫斯櫛瓜沙拉
- *B* 培根炒薯塊波特菇
- *C* 椰絲鳳梨醬優格

　　曾有一段時間，我瘋狂地熱衷於「庫斯庫斯」（couscous）這項食材，只因它實在是太方便了！

　　由北非粗麥粉所製成的庫斯庫斯，一小粒一小粒地如糖粒般，在北非地區（像是阿爾及利亞、摩洛哥）被當成主食，因庫斯庫斯會充分吸收燉肉的濃稠醬汁，通常會搭配燉煮過的羊肉、雞肉一起食用。目前在英、法等歐洲國家中，庫斯庫斯已屬非常普遍的食材，二〇一一年甚至還被法國人評選為最受歡迎的前三名食材。

　　由於庫斯庫斯本身平實無味，對於料理者而言，更能夠大膽將其融入各式食材。我除了將庫斯庫斯用於搭配燉煮肉類的食用法之外，也會用於拌入各式沙拉，久而久之成了我們家餐桌上最常出現的菜色。

這組早午餐食譜的切丁動作較多，非常適合用來平靜心情、緩和放鬆，在慵懶閒適的週末早上進行這項活動，可說是最適合不過了。就著窗邊的陽光，在流理檯前輕輕刷洗個頭小巧的新馬鈴薯，再一顆顆切成小立方塊。接續切著鳳梨的當下，我被當季水果的香甜氣味干擾，饞涎欲滴，索性停下手來，揀起一長條新鮮鳳梨，撒些鹽粒，只為誘出更多的原味鮮甜。

稍微滿足了一時的口腹之欲，回到原本的緩和步調。週末無事的閒常早晨，果不其然，依舊在吃食與烹煮中度過。

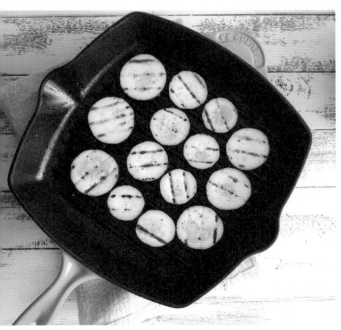

庫斯庫斯櫛瓜沙拉

— 材 料 —

櫛瓜　1 條（約 150 克）　　　　　松子　1 大匙

櫻桃番茄　10 顆　　　　　　　　　鹽　適量

庫斯庫斯小米　1/2 杯　　　　　　　黑胡椒　適量

黃甜椒　1 顆

芝麻菜（rocket）　1 大把（或其他沙拉菜）

— 步 驟 —

1/2 杯的庫斯庫斯以約 150ml 的熱水加蓋燜泡 5 分鐘（熱水要比庫斯庫斯稍微多一些）。5 分鐘後開蓋，以湯匙將結塊的庫斯庫斯撥鬆，放涼備用。

櫛瓜切成約 3mm 的圓薄片。鑄鐵鍋燒熱後，輕放上櫛瓜薄片，每面煎烤約 1 分鐘或櫛瓜表面有明顯烙痕即可。煮得熟軟的櫛瓜容易出水，也容易因此喪失清脆口感，較不適合這道沙拉。

櫻桃番茄可切為 1/4 顆適合入口的大小。芝麻菜切細、黃甜椒洗淨去籽後也切成小丁備用。取一個大缽，混合所有食材後，以鹽及黑胡椒簡單調味即可直接上桌。

椰絲鳳梨醬優格

一 材 料 一

糖煮鳳梨

・鳳梨丁　200 克

・白砂糖　4 大匙（棕色砂糖亦可，
　成品顏色會較深）

・葡萄柚汁　4 大匙

・水　100ml

無糖希臘優格　200ml

無糖椰子絲　2 大匙

一 步 驟 一

鳳梨預先切為 1 立方公分的大小。小深鍋中先加入鳳梨丁及糖，以中小火加熱，直至鳳梨開始焦糖化，轉為有些金黃色。

接著加入水及葡萄柚汁後，以中火熬煮，煮至略為收乾水分，呈現黏稠狀即可（期間須注意偶爾翻動鍋底，避免黏鍋燒焦）。

將希臘優格預先和椰子絲混合攪拌均勻，平均盛裝至 2 個玻璃杯。預留 1/3 的空間添上糖煮鳳梨、撒些椰絲及刨些葡萄柚皮屑即可。

培根炒薯塊波特菇

— 材 料 —

煙燻培根丁　100 克

波特菇（Portobello Mushroom）　2 朵

馬鈴薯　300 克

葵花油　1 大匙

洋蔥　1/2 顆（約 120 克）

新鮮百里香　2 大匙

紅椒粉　1 小匙

黑胡椒　適量

鹽　適量

— 步 驟 —

烤箱預熱至 200℃。

馬鈴薯切成 1 立方公分的小塊，將馬鈴薯放進一鍋滾水中，持續加熱滾五分鐘後瀝乾。同時，洋蔥也切丁備用。

波特菇以刷子仔細刷掉塵土，擺放在淺烤盤中，淋上 1/2 大匙橄欖油、鹽、黑胡椒及乾辣椒末。送進烤箱，以 200℃烤約 20 分鐘。

平底鍋加 1/2 大匙葵花油，以中火拌炒薯塊，直至薯塊熟透呈金黃微焦，先盛起薯塊。

原鍋加入培根丁拌炒至有些變色，接著加入洋蔥丁續炒。洋蔥丁變為微軟半透明的狀態時，拌入已經炒好的薯塊及百里香，炒 1 分鐘，讓百里香的香氣與食材融合。

盛盤時，先將波特菇擺放在盤中，填上一大匙的培根炒薯塊，上方再撒些紅椒粉便完成。

烤波特菇的同時，可以把庫斯庫斯櫛瓜沙拉所需要的松子一同放進烤箱烘烤，烤至色澤變為金黃即可。

草莓・英倫
溫布頓

A 蜂蜜芥末雞肉沙拉
B 法式吐司卷
C 薄荷莓果冰茶

　　料理本就是生活的一部分,再平常不過的日子都該有它專屬的味道,順應著時節找靈感,應當是自然而然的習慣。就如春日到來總會聯想到正是品嚐鮮嫩蘆筍的時候;秋紅瀰漫時,懂得在市集上找尋香氣飽滿的野菇;而寒冬時節自然是滿屋子的肉桂香料味了。

　　在英國,夏天可說是草莓控的天堂!

　　每年六月的最後一週,是溫布頓網球錦標賽開賽的日子,而「看溫網就該吃草莓」的傳統,更是從一八七七年第一屆溫網舉辦以來延續至今,紅通通的夏季草莓沾上香濃滑順的奶油,可說是溫網賽事中的飲食文化代表(此外,喝 Pimm's 調酒或是香檳,也是歷來的溫網美食傳統之一)。

　　我對草莓的熱愛其實有點沒來由，仔細探究之後，得出的理由應是童年時草莓仍屬高價水果，而且冬季才有，物以稀為貴，久而久之就愛上嬌嫩的草莓。有趣的是在英國生活多年後，我對草莓的愛早已轉移到西瓜、芒果、玉荷包身上了，那才是遊子朝思暮想的寶島味兒。

　　但換個角度想想，正因為草莓在英國取得容易，我才能盡情嘗試各種關於草莓的料理方式。而我夏日飲品清單裡的莓果冰茶，則是從Pimm's調酒得到的點子，一樣是加入了水果和薄荷當作視覺上的主角，不同的是把酒精換成了帶有柑橘香氣的英國茶，少了點負擔，但絕對是消暑又清爽的夏日飲品。

蜂蜜芥末雞肉沙拉

— 材 料 —

雞肉沙拉

去骨雞腿肉　2 片

水田芥（watercres）　隨意（或

其他沙拉菜也無妨喔！）

櫻桃番茄　4 顆

油桃（nectarine）　1 顆

酪梨　1 顆

黑胡椒　隨意

鹽　隨意

蜂蜜芥末醬

法式 Dijon 芥末醬　1 大匙

蜂蜜　1 大匙

檸檬汁　1 大匙

初榨橄欖油　3 大匙

— 步 驟 —

雞肉沙拉

去骨雞腿肉先以鹽、黑胡椒略醃 10 分鐘（也可以添加喜愛的香草
調味）。若是帶皮的雞胸肉，下鍋時雞皮面朝下煎至酥脆後翻面。
兩面各約煎 5 分鐘，略金黃微焦即可起鍋。放涼後，切成容易入
口的雞肉條。

酪梨和油桃均去核後切片、番茄切為小丁。水田芥清洗後的水分
要瀝乾，必要時可用廚房紙巾吸水。

最後將所有食材盛盤，開動時再淋上蜂蜜芥末醬即可。

蜂蜜芥末醬

做沙拉醬汁時，只要記住油醋與檸檬汁的比例為 3:1 的大原則即
可。將所有材料拌勻，試吃一小匙，依個人喜好調整口味。

法式吐司卷

― 材料 ―

白吐司　5 片
草莓　5 顆
榛果巧克力醬　隨意
（榛果巧克力醬作法請見 241 頁）
肉桂粉　約 3 大匙
白砂糖　約 3 大匙
奶油或葵花油　隨意
雞蛋　1 顆

― 步驟 ―

蛋汁打勻後，放一旁備用。

在淺盤中混合肉桂粉和細白糖，備用。

吐司以**擀麵棍**或湯匙背面壓扁，先在前 1/3 處塗上榛果巧克力醬，接著鋪上一排切成長條狀的草莓切片，就像做壽司卷般，將吐司捲成長條狀。

將捲好的吐司放進蛋液裡快速滾一圈。接著，在鍋中放些奶油、開小火，待奶油融化後，吐司卷即可下鍋，封口處朝下先煎。出現上色即可翻動吐司卷，等到各面均呈金黃微焦即可起鍋。

起鍋後立即放入裝盛肉桂糖粉的淺盤（吐司卷有熱度時才好沾裹糖粉），輕輕滾一圈讓吐司卷均勻裹上糖粉就完成囉！

薄荷莓果冰茶

― 材料 ―

Lady grey 柑橘伯爵紅茶包　3 包
草莓　3 顆
黑莓　3 顆
熱水　500ml
薄荷葉　隨意

― 步驟 ―

莓果切成小丁後，拌入蜂蜜及碎薄荷葉，先置於小碗中蜜漬備用。

取個大壺，3 包茶包以 300ml 熱水泡成濃茶，自然放涼。（推薦使用 Twinnings 的這款 Lady grey tea 帶有淡淡的檸檬柑橘香，和其他茶款相比清爽許多，非常適合製成水果茶。）

在小杯中先盛約 2 大匙蜜漬莓果丁和少許冰塊，飲用前加入茶湯即可。

加入薄荷無疑是
英式風格

- - - - - - - - - - - - - - - -

A 豌豆泥瑞克塔起司塔佐培根碎
B 糖烤香蕉佐百香果希臘優格
C 梅釀蜂蜜綠茶

　　這套早午餐食譜的靈感來源，是我某天翻閱英國名廚奈潔拉（Nigella Lawson）的食譜書時，讀到一道關於豌豆和義式培根的文章，文末寫著「加入薄荷無疑是英式風格」，我不禁會心一笑，因為這是真的！許多英式食譜會以薄荷入菜，以前我還真有點無法理解。

　　不過也是因為這道加了薄荷葉的食譜，讓我聯想到常見的千層派皮上鋪層莫札雷拉起司（Mozzarella Cheese）、番茄片和羅勒葉的作法，似乎換上這爽口的薄荷豌豆泥，也是個不錯的搭配。

　　挑了個有陽光、氣溫剛好的日子，臨時邀約好友來場夏日的早午餐聚會。我試著將派皮上的餡料改成清爽的薄荷豌豆泥，還刻意將豌豆泥派做成大尺寸的模樣，一整塊端上桌，大家再隨意切下。一整盤出爐的烤香蕉也是照樣豪邁端上桌，各人隨食量拿取。

　　就是這種有點類似自助餐式的忙碌氣氛，你來我往、接盤遞杯的每個瞬間，英式風情和美好心情也在餐桌上流轉散布著。

豌豆泥瑞克塔起司塔佐培根碎

一 材 料 一

派皮
市售酥皮派皮　1 捲

餡料
豌豆　200 克
瑞克塔起司（Ricotta Cheese）　250 克
新鮮薄荷葉　約 2 大匙
黃檸檬皮屑　1 大匙
鹽　適量
黑胡椒　適量
培根丁　50 克

一 步 驟 一

派皮
烤箱以 200℃預熱。派皮使用前 10 分鐘自冷凍庫取出，置於室溫放軟。

將稍微軟化的派皮切成適當大小（約 20×30 公分），送進烤箱烤 10 分鐘後取出。
接著在派皮上鋪一層防沾烤紙，使用另一個平底烤盤壓在烤紙上，送回烤箱續烤約
15 分鐘，直至派皮上色且有酥脆感。

派皮出爐放涼後，即可鋪上餡料。

餡料
如果使用新鮮豌豆，取一個小湯鍋注入滾水，加入豌豆後煮 2 ～ 3 分鐘，煮熟後瀝
乾放涼。若使用冷凍豌豆，則可以熱水沖燙或浸泡直至豌豆退冰至正常室溫即可。

先預留約 1/4 杯的豌豆，其餘豌豆則連同起司、薄荷葉一同以食物處理機攪打成泥
狀，並加入鹽及黑胡椒調味。

培根丁以中小火煎至金黃焦香，起鍋後置於廚房紙巾上吸油並放涼。

盛盤後灑上預留的豌豆、培根丁，最後隨意刨些黃檸檬皮屑即可開動！

糖烤香蕉佐百香果希臘優格

─ 材 料 ─

香蕉　2根
黃砂糖　2大匙
百香果　2顆
無糖希臘優格　4大匙
無鹽奶油　約1大匙

─ 步 驟 ─

香蕉去皮後，依長邊剖半。烤箱先預熱炙烤功能（grill），將香蕉平鋪於烤盤中，鋪上片薄的奶油、撒上粗粒砂糖，以強火炙烤3分鐘後，取出翻面再烤3分鐘，直至香蕉表面上色呈金黃。

烤香蕉片分成兩人份盛盤，各淋上2匙優格，再各淋上1顆分量的新鮮百香果果肉即可。

梅釀蜂蜜綠茶

─ 材 料 ─

酸梅　3～4顆
綠茶茶包　2個
熱水　100ml
蜂蜜　2大匙
黃檸檬片　4～5片
薄荷　隨意

─ 步 驟 ─

綠茶茶包及酸梅以約100ml熱水沖泡後靜置放涼，待茶包釋出味道後，加入冷水、蜂蜜、黃檸檬片及薄荷。

餐桌上的
旅行記憶

A 杏仁脆皮法式布里歐許吐司
B 楓糖培根脆片
C 蜜瓜薄荷沙拉

　　杏仁脆皮法式布里歐許吐司可是我去約克（York）旅行時偷學的喔！

　　某一年夏天，我們選擇素以「鬼城」聞名的約克為夏季小旅行的地點。飄著細雨的午後，偶遇了在當地頗負盛名的 Betty's Tea Room（貝蒂茶屋），當時的排隊人潮不多，而且透過玻璃窗瞧見每張桌上的精緻三層下午茶，於是禁不住誘惑地加入排隊的隊伍中。

　　當時我們並不餓，考慮之後決定捨棄幾乎桌桌必點的三層下午茶套餐，從夏季的早餐菜單上點了這道以布里歐許吐司製作的法式吐司。吐司先以蛋汁包裹，再下鍋煎到金黃酥香，撒上薄薄一層肉桂，淋點蜜。盤邊搭配著鹹香煙燻培根和一大匙法式酸奶油（crème fraîche）。我一邊咬下外酥內軟的法式吐司，一邊默默努力地記下味道。

　　我想，這就是飲食與記憶的連結吧！為了某個回憶、某種感動而下廚，即使最終呈現的滋味不完全相同，但在烹煮的過程裡，透過打蛋、翻面、烘烤等等一個接一個的步驟，昔日那個飄著細雨的午後食光，似乎從記憶中甦醒再現了。

杏仁脆皮法式布里歐許吐司

— 材 料 —

布里歐許吐司切片　4 片（每片約 2 公分厚）　　黃檸檬皮屑　1/2 大匙

杏仁片　1/4 杯　　　　　　　　　　　　　　小紅莓　隨意

牛奶　90ml　　　　　　　　　　　　　　　奶油　約 1/2 大匙

雞蛋　1 個　　　　　　　　　　　　　　　糖粉　約 1/2 大匙

— 步 驟 —

牛奶、雞蛋、黃檸檬皮屑攪拌均勻後，即成蛋奶液，倒入淺碟備用。取另一淺盤裝盛杏仁片。吐司每面浸泡於蛋奶液中約 15 秒，接著只以單面沾取杏仁片後準備下鍋。

待鍋內奶油融化稍微呈現泡沫狀後，開始煎吐司。中火每面煎 3 分鐘，直到杏仁片呈金黃色即可。

盛盤後灑上糖粉，搭配新鮮莓果、楓糖漿食用。

由於這款麵包奶油含量非常高，組織很鬆軟，整片麵包進入蛋汁的話，會變得糊爛難以操作。所以我只快速地沾取蛋奶液，讓麵包增添煎烘後蛋香及核果香，但內部仍保有麵包的鬆軟組織。

楓糖培根脆片

ー 材 料 ー

煙燻培根片　6 片
蜂蜜　2 大匙
黑胡椒　1 小匙
乾辣椒片　1 小匙

ー 步 驟 ー

培根平鋪置於網架上送入烤箱，以 200℃烘烤，每面 15 分鐘。30 分鐘後取出培根，兩面均勻刷上蜂蜜，撒些黑胡椒及辣椒片後，以 220℃續烤 10 分鐘至酥脆。

蜜瓜薄荷沙拉

ー 材 料 ー

（分量可自由調整）
香瓜
哈密瓜
薄荷葉
粗粒砂糖
綠萊姆皮屑

ー 步 驟 ー

選擇兩色不同的瓜果，去籽後以片薄器切片（約 3mm）。薄荷葉略切，和瓜片、綠萊姆皮屑一同置於大碗中浸漬 15 分鐘。食用前撒上粗粒砂糖即可。

三明治

　　三明治，通常屬於方便、簡單的料理，也可以是隨意打發的一餐。

　　不過仔細想想，這當中實在有太多可以發揮的地方了。就拿常吃的火腿蛋、培根蛋三明治為例，光是外層麵包就有許多令人興奮的選擇，像是烤到酥脆的全麥吐司、軟綿充滿奶油香的布里歐許、帶著天然麥香的歐式麵包、纖細精緻的白吐司。三明治內餡盡量避免過於濕潤，而生菜類的水分要先吸乾，讓吸乾水分的葉菜類夾在吐司及內餡之間，這樣就可以避免麵包因吸收水分而變得軟爛。

－ 材 料 －

• **希臘優格蛋沙拉三明治**
　水煮蛋
　希臘優格
　美乃滋
　苜蓿芽
　黑胡椒

－ 步 驟 －

1 顆水煮蛋搭配 1 小匙優格及 1 小匙美乃滋。

－ 材 料 －

• **酸豆蘆筍燻鮭魚三明治**
　燻鮭魚
　蘆筍
　酸豆
　奶油起司
　黑胡椒

－ 步 驟 －

蘆筍去除底部老莖，待水滾後川燙 30 秒即撈起。以廚房紙巾吸乾水分。

－ 材 料 －

• 草莓起司三明治
　新鮮草莓（或是不易出水的新鮮水果，
　例如西洋梨、黑莓、藍莓）
　馬斯卡彭起司（Mascarpone cheese）
　黃檸檬皮屑
　蜂蜜
　碎開心果仁（或是任何手邊的核果仁）

－ 步 驟 －

記得搭配烤得金黃酥脆的吐司，先抹上
起司再疊上水果再抹上起司，這樣就不
會使吐司口感變濕了。

－ 材 料 －

• 鮪魚橄欖三明治
　水煮鮪魚罐頭
　黑橄欖
　櫻桃蘿蔔
　美乃滋
　百里香
　黑胡椒

－ 步 驟 －

建議使用較清爽的水煮鮪魚罐頭。一罐約
110 克的鮪魚罐頭，水瀝乾後大約加 1 大匙
的美乃滋和 1 大匙切碎的新鮮羅勒葉拌勻。

－ 材 料 －

• 酪梨毛豆火腿三明治
　酪梨
　毛豆
　火腿片
　法式 Dijon 芥末醬
　鹽

－ 步 驟 －

在一片吐司上抹上薄薄的一層芥末醬，將會
帶來點微嗆的滋味。但注意芥末醬勿過量，
否則反而會蓋過豆子的清甜與火腿的鹹香。

－ 材 料 －

• 蜂蜜肉桂蘋果片三明治
　馬斯卡彭起司
　蜂蜜　　1 小匙
　蘋果　　1/2 顆
　肉桂粉　1/4 小匙
　檸檬汁　1 小匙

－ 步 驟 －

蘋果切成薄片，淋上檸檬汁可以減緩變色
及增添香氣。吐司兩面薄塗上馬斯卡彭起
司，疊上蘋果片、淋上蜂蜜並灑上肉桂粉
即完成。

二手小器雜貨的美好
Car boot sales、骨董市集尋寶

住處附近的小鎮，每年五月固定會在鎮中心的公園舉辦一場後車廂拍賣（Car boot Sales）。英國的五月草地正青綠著，還綴滿一大片的小黃花，前來擺攤的都是方圓幾公里內的居民，也有不少爸媽帶著孩子來淘寶，滿載而歸，頗有同樂會的氣氛！

除了這些較屬在地性質的後車廂拍賣外，另一種觀光性質稍微高一點的主題後車廂拍賣，也很值得大家專程來挖寶。像是古董車主題後車廂拍賣（Classic Car Boot Sale），攤商們可都必須開著自家古董車、復古車款，才有資格擺攤。雖然這類的主題市集需要購買門票才能入場，但換個角度想，除了二手市集，裡面可能還有音樂表演、小吃攤販、古董車展覽等等，基本上絕對可以逛上半天。

我則喜歡尋找一些復古的舊餐具，特別是英國製造、泛著舊時代的棕色色調、隱約帶點自然的裂紋，是這個時代裡不再出產的食器，即使它們或多或少有些缺陷，但仍無法阻止我想帶回家的念頭。自從開始入廚房、作羹湯之後，對於餐盤食器的搜尋癖好可說是有增無減。對我來說，逛市集、賞食器應該算是一種難以戒除的習慣，因為這些市集的存在，我才能有機會與更多興趣相近的人交流，同時又能滿足我的個人嗜好。

漸漸地，櫥櫃和層架上收納著一層層的食器，杯子裡存放的是自世界各地挑選的刀叉湯匙，一字排開，每個都有屬於它們的故事，以及我的生活回憶，像是在哪個市集、跟誰去、吃了什麼等等。

但眼看僅有兩人用餐的廚房物品漸呈爆炸的趨勢，只好不斷提醒自己該適時收手，畢竟，不少食器鍋具的身價可不亞於名牌精品的鞋包呢！

在自己的餐桌上重新編排混搭，讓餐桌多一點點趣味和生氣，美好食器與美味食材的組合，肯定會成就一頓頓完美的餐桌風景！

南方小鎮發跡的英式小餐館
—— Bill's

已於英國成為連鎖餐廳的 Bill's，其實第一家店是在南方一個叫做 Lewes 的美麗小鎮開始的。一間小小的店鋪，賣著新鮮蔬果和雜貨，後來遭遇水災之禍，店鋪因此全毀，卻讓小店鋪有了重新開始的嶄新轉機。始終持續經營到現在的 Lewes 本店，也還仍然維持著雜貨店 & 餐廳的風格，店內依然販賣著從周邊地區生產的當季蔬果、雞蛋，甚至也還可以看到廚師大喇喇地從廚房走出來，拿著藤籃在店門口挑起菜來了。

以綠色鄉村風格為基調的 Bill's，是餐廳卻也像咖啡廳，氣氛輕鬆，天花板總掛著多色的包裝紙、購物袋或是成串的辣椒大蒜，還有著整面整櫃的自有商品，整間餐廳的氛圍被點綴得活力十足。週末在倫敦就近選一家 Bill's 吃早午餐，點一份經典的班乃迪克蛋和一杯現打的綠色蔬果 smoothie。Smoothie 系列是我每次到 Bill's 必點的飲品，有時是綠色蔬果 Smoothie，有時則是莓果口味的酸甜 Smoothie，不甜膩、也不會過分冰涼，不論是搭配早午餐或是午晚餐都很剛好。

因地利之便，我大多選擇位於柯芬園的 Bill's 分店，稍稍偏離主要道路，位在小廣場邊，不太顯眼但卻因此很得我的喜愛。好天氣時，坐在戶外的綠色遮陽棚下，十分輕鬆愜意。

店家資訊

Bill's
網站：http://bills-website.co.uk/

柯芬園分店
地址：St. Martin's Courtyard, Off Long Acre,
　　　London , WC2E 9AB
電話：0207 240 8183
營業時間：週一至週六 8:00 - 23:00（週日及國定假
　　　　　日 9:00 - 22:30）

Let's have Brunch!
早午餐

❧

隨筆

Let's have Brunch!

好好吃飯、好好生活，看似簡單、卻不盡然。

有時日子過得忙碌，進食似乎就成了生存的例行而已。

偶爾也請試著放慢腳步吧！

即使只有一個人、只有一個短週末，

在自家廚房裡，你如何烹煮、調味，

生活便如何呈現在眼前。

深植人心的英式番茄燉豆

　　「原來很多人無法接受番茄
燉豆的味道阿！」幾年前接待來英
國探親兼遊玩的姊姊去吃英式傳統
早餐時，我才發現這點，她覺得這
是充滿怪味的豆子。可我對這一顆
顆裹滿濃稠番茄汁的軟糊豆子，卻
是特別喜愛。在英國，番茄燉豆
（Baked Bean）可是深植人心的平
民食物，超市裡一櫃櫃陳列著原味
番茄燉豆、BBQ 口味番茄燉豆、原
味但加了香腸的，甚至是包含有五
種豆的罐裝番茄燉豆，最受歡迎的
Heinz 品牌甚至還推出一公斤裝的家
庭號包裝呢！

　　雖然無從得知英國人如此喜愛
番茄燉豆的原因，但學著他們烤出
一片微焦的麵包，加熱一小碗的番
茄燉豆（吃之前才淋上麵包，免得
麵包都泡糊了）。講究點時，再刨
上一些帕馬森起司添滋味，點綴一
小搓巴西利葉增點顏色。雖是便宜
又平民的食材，但可以早上吃、中
午吃，甚至是淋在白飯上配著吃，
百搭且多用途，難怪連我這個外國
人都愛它！

－ 材 料 －

番茄燉豆罐頭、帕瑪森
起司、Sourdough 麵包
片、巴西利葉

朝食與閱讀

在英國的日子，想要閱讀中文書可不是件容易的事。雖說如今郵寄迅速又便利，但航空運費可比書本還要昂貴，知識的代價還真不小。幸運的是，幾位好友都是愛啃書的書友，幾個人交換著彼此手邊的書，藉此接觸了不少未曾留意的題材，倒也是個挺有趣的社交活動。

我特別喜歡趁早午餐時閱讀，尤其是星期日早上睡得稍晚的日子。帶著十足的好精神，散步到鎮裡的烘焙店外帶一條有著濃濃奶香的布里歐許吐司（Brioche），而新鮮無花果約莫在七月至十月間在市場上露面。將一顆無花果切成約略 2mm 的薄片，一片片疊在吐司上，接著撒上些杏仁片或自己喜歡的果仁、種籽，送進烤箱烤 5 分鐘或果仁略焦。

等待的同時，沖一杯咖啡、挑一本好書，有著濃濃奶油味的布里歐許吐司，口感輕柔又帶甜，很適合配水果、果醬，但進烤箱後容易焦，絕對不能掉以輕心。出爐的無花果吐司，趁還溫熱時淋些蜂蜜，上桌！

– 材 料 –

新鮮無花果切片、蜂蜜、杏仁片、Brioche吐司

簡單食材的美好滋味

　　每年年底的聖誕節連假，便是我這異鄉遊子返鄉歸巢的時節，因此通常在回台灣前的最後一個星期，我都會盡量不再購入新的食材。週六早晨，面對食材所剩不多、即將清空的冰箱裡，捧出了前一晚烤得軟嫩香甜的百里香奶油南瓜和新購入的法國 Beurre d'Isigny 奶油。和臺灣常見的胖圓狀南瓜有些不同，英國整年裡常見的是長形葫蘆狀的奶油南瓜（Butternut squash），籽的部分較小，果肉帶點堅果氣味。

　　Beurre d'Isigny 奶油拿出冰箱後放置一會兒，回復到室溫後才容易塗抹。奶油南瓜重新加熱過後，再次散發出香甜氣息，趁熱直接以餐刀搗成泥狀。在烤熱的吐司上，塗上薄薄的一層奶油、再抹上一層南瓜泥，透著奶香的南瓜焦糖香甜味和滑軟又奶香濃郁的細緻奶油，一口咬下，簡簡單單的三種食材就足以構成一份美好！

　　（英國 Kerrygold pure Irish butter 的奶油也很好

- 材 料 -

百里香奶油南瓜適量、奶

培根三明治的必要

　　平日想偷懶外食時，我總會趁上班途中，在街口的小店點一份培根三明治（Bacon sarnie）外帶。就這麼兩片抹了奶油的白吐司夾上培根，這一開始是被我嫌棄的，我總想著怎麼不多夾片起司、來點生菜或是番茄片也很好啊？後來，我才慢慢明白，一早揹著公事包出門，香氣和油脂會帶來動力；工作到一個段落發現飢腸轆轆時，澱粉和蛋白質將帶來能量；更別說熬了整晚的夜，只想來點重口味的鹹食時，一份加了 HP brown sauce 的溫熱三明治是多麼地誘人。

　　幾片培根鋪排在烤盤上，烤到油汁釋出、口感微酥脆，油汁可別吸掉。吐司特意不烤過，仍保有鬆鬆軟軟的口感。奶油記得要放軟，才好均勻塗抹在吐司上。就是這麼幾個簡單的步驟，但對英國人來說，這就是一份再平常不過但卻存在感十足的療癒系料理。

　　（我喜愛用烤箱勝過用煎鍋煎培根，用烤箱烹調可以盡量避免氣味沾上身，畢竟帶著滿身的培根

- 材料 -

白吐司、煙燻培根、奶油、HP brown sauce/ 番茄醬/

懶人早午餐——培根沙拉

　　讓萬事萬物逐漸變得舒適緩慢的微涼秋日，不知不覺也讓我們家的餐桌變得有些「偷懶」了。不過，偷懶可不是指隨便吃吃，而是食材很簡單、料理也簡單，就像是日常生活裡的質樸料理，往往才是能夠重複出現在餐桌上的真切美味。

　　這一天的綠色沙拉裡有嫩波菜、酪梨、核桃和煎到金黃焦香的煙燻培根。洗過的嫩波菜要盡可能瀝乾，不然水分會讓整盤沙拉變得水水的，風味也會被稀釋。煙燻培根則是切成小丁，以不沾鍋無油小火慢慢煸煎，油脂盡出時的煙燻香味四溢，是這道簡單沙拉的精彩亮點。將培根連著油脂一併淋上沙拉，讓綠葉、酪梨均勻沾上油脂後再撒上烘烤過的核桃果仁。捧著這一盤，入口後的第一個念頭絕對是——培根應該再多煎一點啊！

－ 材料 －

培根丁、嫩波菜、酪梨、核桃丁

威爾斯兔子三明治

　　這道經典英式料理始終令我記憶深刻。某次在咖啡館吃早午餐時，被「Welsh rarebit」這可愛的名字吸引，但同時不免疑惑：是夾了兔肉的三明治嗎？好奇請教店員，經過店員解釋之後才明白原來是稍微華麗版本的起司醬汁開放三明治啊！身為起司愛好者，當然要親口嚐嚐威爾斯兔子三明治，這才知道原來起司吐司也能有這麼多種風味。

　　自此之後，這小兔子當然也成了我的口袋食譜之一。1 大匙奶油、1 大匙麵粉、100ml 溫熱過的黑啤酒或牛奶、1 小匙英式芥末醬、1 大匙魏斯伍德醬和 120 克的起司，混合均勻後放進醬汁鍋，小火邊加熱邊攪拌，直到融合均勻且變得濃稠。吐司先稍微烤酥脆後再淋上起司醬汁，放進烤箱中數分鐘，直到瞧見金黃色澤和冒著泡泡的起司，你便能了解我心裡的那股興奮感從何而來了！

－ 材料 －

切達起司、奶油、英式芥末醬、黑啤酒、魏斯伍德醬（Worcestershire sauce）、麵粉、鄉村麵包

Life lesson: patience is necessary!

　截稿日逐漸逼近，一心只想盡快完成手邊工作，但性急的我反而常把自己搞得灰頭土臉。某個星期六早晨，正急著要拍早午餐食譜照片，然而前一天偷懶沒收拾的廚房顯得有點凌亂，英國日光灑落的黃金時間又特別短暫，但廚房得先收拾整齊才能開工拍攝照片。正當我焦急地打算一心多用時，稍不留神櫃子上的麥片、茶包、糖罐全砸了下來，額頭被刮了條痕，再低頭一看，散了滿滿一地的麥片、碎糖粒⋯⋯，頓時領悟了「欲速則不達」的意思。

　決定先暫停一切，吃點甜食平復心情。兩片去邊的白吐司放進吐司機裡烤到酥脆，抹上榛果巧克力醬再撒些杏仁片，溫熱的巧克力醬散發帶著榛果味的香甜，是癒療力十足的氣味。再搭著一碗新鮮水果配草莓優格，酸酸甜甜，心情大好！

－ 材 料 －

吐司、Nutella 榛果巧克力醬、杏仁片、西洋梨、奇異果、草莓優格

英式早午餐佐開闊海景

還住在 Brighton 時，天氣好的週末我總會搭車到碼頭邊的 pub 吃早餐。挑個靠窗的座位，點份英式早餐加上橙汁汽泡水，價格不到 5 鎊，但卻能欣賞一艘艘小艇、觀光船和波光粼粼的大海。之所以這麼喜歡到碼頭看海吃早餐，是因為我始終記得抵達英國的第一天，已是接近半夜了。隔天一早，腦袋其實還昏昏沉沉地不知所措，便被朋友拖著來到這兒享用傳統英式早餐，而這是我在英國的第一餐！

自己在家變化的英式早餐則是隨性多了。有時換成 95% 豬肉比例的香腸，吃起來口感較為扎實，是另一半喜愛的選擇。炒蛋則加入紅黃椒丁一起拌炒，不加調味，把番茄燉豆當醬汁，上桌前撒上細香蔥，符合均衡飲食的概念。對我而言，週末早晨到 pub 裡看報、吃英式早餐，隨後再去二手市集尋寶，是一種解壓的生活方式；而在家裡照自己喜愛的方式做英式早餐，用心品嚐，則是一種熱愛生活的態度。

－ 材 料 －

英式香腸、栗子蘑菇（chestnut mushroom）、番茄燉豆、雞蛋、甜椒、細香蔥（chives）

預期之外的美味！

在英國買水果的經驗相當奇妙，香蕉，青綠的！桃子，硬的！奇異果，又酸又硬！柿子，也是硬的！芒果，完全不香甜！後來學乖了，這幾類水果買回家後，至少要擺放一個星期等它熟成。變得熟軟的水果，吃起來又甜又多汁，完全是女大十八變來著！

而這天的早餐，就是在這種等待奇異果熟成的心情下，走入廚房滿懷期待而料理出來的。邊切切洗洗邊聽廣播，邊起個小鍋煮水煮蛋，稍未留意時間就煮太熟了。不怕，立刻改變策略，拿隻小茶匙，輕輕敲碎頂部的蛋殼並剝除，然後茶匙直直插進雞蛋，轉啊轉啊轉，再沿著蛋殼輕輕刮一圈，就可以像爆米花似的，轉出一盤「雞蛋花」。把雞蛋碎一口氣倒進盤裡，蛋殼頓時清潔溜溜又不沾手。雖然這不是計畫中的模樣，但卻是美好的成果，而且灑上雞蛋末的沙拉

- 材料 -

芝麻菜、酪梨、格魯耶爾（Gruyere）起司、水煮蛋。調味則是料

大年初一的清淡無肉餐

　　週日正是初一，頂著個有些兒混沌的腦袋醒來，摸了摸有些饑餓的肚皮，意起前晚的酒足飯飽。每年除夕夜，總會和幾個同樣旅居國外的好友相約圍爐，一同去吃象徵團圓的麻辣鴛鴦鍋，就當作是年夜飯。那麼，初一就讓胃休息一下吧！一邊這麼想著一邊打開冰箱，怎知，竟只有半顆綠花椰菜躺在裡邊，誤打誤童地成了大年初一的清淡無肉餐。

　　綠花椰菜燙熟後，拿個大碗，加點初榨橄欖油、擠點檸檬汁。我愛吃蒜頭，更隨手切點蒜末加進去。因為家裡的爐具是電爐，裝一鍋冷水略淹過蛋的高度，煮到水滾後關火悶一會兒，電爐的溫度將持續把蛋煮熟。蛋黃的熟度剛剛好，不致全凝固，但也不會太過液態。雞蛋濕潤適中的黏膩口感和脆韌綠花椰菜互相襯托，灑上大把帕馬森起司，不需要再另外加點調味，起司香鹹、蒜末微辣、花椰菜清甜。我

－ 材 料 －

雞蛋、綠花椰菜、帕馬森
起司、初榨橄欖油、檸檬

Tuk-Tuk in Thailand

漂洋過海的溫暖陪伴

　　有陽光的早晨就是一日的美好開端，更好的是意料之外、漂洋過海而來的貼心問候。通常我會先喝杯溫蜂蜜水，接著開始料理這簡單的一餐。

　　從冰箱取出前一晚蒸好的整顆地瓜，挖出地瓜搗成泥後微波加熱，以海鹽和黑胡椒調味。綠花椰菜和紅椒以平底鍋加點水，清炒悶半熟即可，盛盤後撒點初榨橄欖油、削點帕馬森起司、擠一點點檸檬汁。蔬果籃裡的熟軟酪梨一直發出「吃我、吃我」的呼喊聲，那就再抓根香蕉相伴吧。沒有固定比例，喜歡甜點就多放些香蕉，再多放幾片蘋果增添香氣。加點希臘優格、倒點全脂牛奶，用手持攪拌棒做成綿密好喝的奶昔。

　　我喜歡把食物都準備在餐盤上，拉張椅子、擺上食物，面對窗外席地而坐用餐。讀著友人寄來的泰國 Tuk-Tuk 車明信片，分享著她的旅行點滴和心境，大概也能從字裡行間感受到泰國的熱情，心情也就跟著暖暖的。

－ 材 料 －

酪梨、香蕉、奇異果
冰牛奶、蜂蜜

would love to have
builder's tea, please!
（請給我一杯建築工人的茶！）

　　第一次聽到這種說法是還在唸
語言學校的時候，當時我的英文實
在是不太靈光，還以為是某個品牌
的茶包，興致高昂地問著要去哪裡
買！（好糗）Builder's tea 泛指加
了糖和牛奶的紅茶，這個詞剛開始
是指工人們在工地時，由於環境不
是那麼方便，他們通常會直接將茶
包放在馬克杯中沖入熱水（而不是
使用茶壺），且通常是使用比較低
價的茶葉，味道也較為濃烈，因此
需要加 2 匙的糖和較多的牛奶。久
而久之，使用馬克杯泡茶、在紅茶
中加入糖和牛奶的喝法就被統稱為
builder's tea ！

　　一杯溫熱的甜奶茶、一份簡單
的水果優格，最適合未進食前空腹
血糖低的時候。不需要花太多力氣
準備，就算腦袋只想偷懶放空，胃
口也能立即得到滿足。

- 材 料 -

紅茶、牛奶、糖、吐司、
希臘優格、草莓、藍莓、
開心果仁

中西合併的混搭輕食

「炒肉末」算是我們家的冰箱常備菜喔！

　　趁週末買一大盒約 700 克的豬肉末，分成兩份以變換成兩種口味的炒肉末料理，再分成四小份冰入冷凍庫。有時是加入洋蔥丁、胡蘿蔔丁和蘑菇一起拌炒，用韓式辣椒粉調味；有時是玉米粒、毛豆丁、很多大蒜丁、黑芝麻，用鹽和黑胡椒簡單調味。這次則是蘑菇加青椒丁及大蒜，調味則是白胡椒和些許印度辣椒粉。炒好之後的分量大約夠我們倆吃個三、四餐，加熱後拌飯、拌麵都很方便。

　　今天則是多切了半條櫛瓜一起拌炒，搭配西式炒蛋當成早午餐。注意炒蛋下鍋時先用蔬菜油，蛋液加下去後再加一小匙大蒜羅勒奶油抹醬，並用筷子攪散。分量看似不多，但內含蛋白質和蔬菜，再加上半片的烤吐司和水果，其實挺有飽足感的。

- 材料 -

雞蛋、櫛瓜、炒肉末、
蜂蜜檸檬水、橘子

自由隨喜的經典組合

　　希臘優格加新鮮水果丁，是我一年四季都喜愛的經典早餐組合！

　　早上起床後雖然還有些昏沉，但愛吃的本性還是會驅使我先將優格和水果取出退冰。接著只要隨興將西洋梨切丁，拌入 2 小匙檸檬汁。抓個大碗，添入 2 大匙優格、麥片、碎杏仁果粒、西洋梨丁，淋點蜂蜜、刨點檸檬皮屑增添柑橘香氣。新鮮水果可以任意替換成蘋果、草莓、香蕉等等任何你愛的水果，蜂蜜也可以換成其他口味的果醬，麥片也可以用玉米穀片代替，甚至加匙黑芝麻、抹茶粉也很不錯，總之，放入喜歡吃的食材就對了。

　　有時候會想著，做一份簡單的早餐，其實不僅代表著生活的美好，而是對自己的健康負責，算是一種好好對待自己的生活態度吧！有句諺語這麼說著：You are what you eat（人如其食）。

- 材 料 -

西洋梨、蜂蜜、杏仁、無糖燕麥片、黃檸檬皮屑

、煙燻培根、
番茄罐頭、酪
辣椒丁

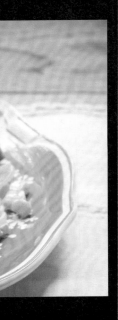

令人難以抗拒的超市特價

　　每週五下班回家的路上，習慣先繞去超市逛逛，偶爾買些方便的熟食當作晚餐，算是給自己的週五放鬆禮物。當然也會預先為接下來的週末採買一些備用食材。不過，或許是心情太過放鬆了，我總是不小心「手滑」，任由採買慾望擴張，尤其是遇到標示著「買一送一」（2 for 1 sale）的商品時，幾乎毫不考慮就放進購物推車裡，這週就是這麼帶回了兩大袋的貝果。

　　週末早午餐是洋蔥鹹口味貝果。貝果切對半後剛好兩片放進烤吐司機裡，微微烤到皮脆酥香。輕巧地把荷包蛋打在微熱的平底鍋裡，小火加蓋半煎半悶約 3 分鐘，起鍋的荷包蛋有油煎香也有水波蛋的白嫩。另外，鹹牛肉也是貝果的好朋友，一片鹹香用來提味足矣，再加上一小碟 Beurre d'Isigny 奶油的滋潤，被超市特價控制的週末餐桌，還是能令人嘴角微笑的！

－ 材 料 －

洋蔥口味貝果、鹹牛肉、法國 Beurre d'Isigny 奶油、新鮮番茄、雞蛋

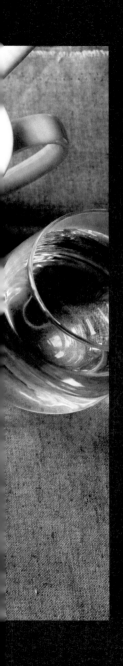

餐桌上的日常

　　英國冬季的日出較晚，偶爾早上醒來，天色仍然灰暗，連一絲曙光都還看不到。我常常帶著悠哉的心情，邊收拾家裡邊看著晨間新聞，大約七點多，客廳慢慢有了光亮，肚子也有點餓了。

　　拿出兩顆雞蛋沖洗一番，從冷水開始加熱。小鍋裡咕嚕咕嚕煮著水煮蛋的同時，按下電水壺，沖泡一杯加了黑芝麻的燕麥片。燕麥片是用顆粒比較大的 Old-Fashioned Rolled Oats，不需要用煮的，但要泡得稍微久一些，我喜歡不糊爛、稍微有些口感的麥片。然後，加點楓糖、蜂蜜或黑糖都好，帶點甜甜膩膩的糖香才符合甜牙齒的英式風格。

　　沖冷水、剝蛋殼，靜下心來享用極簡早餐，手上翻閱著《早餐之書》。從昏暗到天光的這幾個小時，雖然看似平淡無奇，但其實頗令我著迷呢。

－ 材料 －

水煮蛋、奇異果、番茄、燕麥片、黑芝麻粉、楓糖漿

點的早午餐，撫慰一下思鄉之情。

去骨雞腿肉切成小塊後先油煎，七分熟以後加入新鮮番茄丁、一撮百里香拌炒至雞肉熟，鹽和黑胡椒調味，再翻出一小袋生菜、煎兩顆太陽蛋、配片烤吐司。通通擺在大盤上，香氣十足的番茄百里香雞肉開放三明治，便是這頓早午餐的主角。飲品是昨晚泡好的濃檸檬紅茶，兌上半杯的冷開水就剛剛好。藉著料理的過程，把對故鄉美食的思念轉化為另一種美味。

- 材 料 -

番茄、去骨雞腿肉、百里香、雞蛋、生菜

今天也要吃飽了再開始

　　在各大超市裡都可以輕鬆買到的英式小圓餅（English Crumpet），一直以來都是我的點心良伴。和蓬鬆的鬆餅不同，Crumpet 是加了酵母製作而成的小煎餅，內裡充滿了蜂巢狀的孔洞組織，吃起來 Q 軟帶有嚼勁。一般來説，Crumpet 都是在微溫熱的狀態下，抹上奶油、果醬或蜂蜜食用。在餐廳常見的 Crumpet 則是邊緣稍微有點烤焦，上頭疊了片燻鮭魚和水波蛋，半熟蛋液和充滿孔隙的 Crumpet 簡直是絕配！

　　在冬天的早上走進廚房，小平底鍋裡加入一把莓果、1 小匙香料和蜂蜜，小火拌煮幾分鐘，直到水果香甜味釋出。同時拿出 2 片 Crumpets，放進吐司機裡烤到微焦。把煮好的莓果淋在小圓餅上，舀上一些優格、淋點蜂蜜。天氣冷冷的，但是捧著一盤散發著肉桂香料味的溫熱 Crumpets，便是一種滿足。

　　嗯～可以好好地面對這一天了！

- 材 料 -

英式小圓鬆餅 English
Crumpets、草莓、藍
莓、希臘優格、蜂蜜、
綜合香料粉（肉桂、丁
香、肉豆蔻、薑）

Eat well

and

live well.

秋日的
美味鮮菇

𝒜 百里香綜合菇開放三明治
ℬ 草莓穀片 trifle
𝒞 胡蘿蔔柑橘果汁

　　每到秋天時，我都會特地前往農夫市集逛逛，貪吃地盤算著要買哪些當季秋菇入菜。雖然自己也曾想像著，拎著籃籃、套上雨鞋，漫無目的散步至有些濕滑的森林裡，採集各式美味野菇，這麼一來，這些來自野外的美味將成為我餐桌上的貴客。不過，依我「野菇不識幾朵」的能力，還是別折騰自己了吧。

　　上上菜市場，習慣性地走走看看，不也挺好的。就像以前奶奶每天都要走趟菜市場一樣，即使冰箱早已備齊充足的食材了，她仍習慣上街去看看是否有今日特選，又或是與熟識的攤主聊上幾句。幸運的話，遇上當季正鮮美的食材，奶奶也總是迫不及待地掏出錢幣來，憑此換得餐桌上一道道的季節好菜。

　　我想，逛菜市場不僅只是這裡瞧一瞧、那裡繞一繞而已，畢竟每週每週的市場都是差不多的攤位和商品，奶奶與我更貪圖的或許是一種難以取代的熟悉、自在感吧！

百里香綜合菇開放三明治

— 材 料 —

全麥吐司　2 片
新鮮百里香　約 2 大匙
綜合菇蕈類　2 杯
橄欖油　1 大匙
雞蛋　2 個
芝麻菜或其他生菜　隨意

帕馬森起司　1 大匙
初榨橄欖油　1 小匙
巴薩米克黑醋　1 小匙
黑胡椒　少許
鹽　少許

— 步 驟 —

全麥吐司放入吐司機中烘烤，依個人喜好程度烤酥。

平底鍋中加半匙橄欖油，打入雞蛋，以中小火煎 3 分鐘，完成不翻面的半熟太陽蛋。將蛋鏟起備用。

原鍋再加半匙橄欖油，放進菇蕈及百里香拌炒，直至菇類熟軟。起鍋時盡量瀝乾炒菇時滲出的水分。

在吐司上擺上太陽蛋和綜合炒菇，淋上初榨橄欖油及巴薩米克黑醋，磨點帕馬森起司、黑胡椒和鹽，最後擺上一把沙拉菜。

草莓穀片 trifle

一 材 料 一

玉米穀片 (或 granola，詳 196 頁)
新鮮草莓、藍莓

英式香草醬 (Crème Anglaise)
全脂牛奶　150ml
香草莢　1/2 根
蛋黃　2 顆
白砂糖　2 大匙

一 步 驟 一

草莓洗淨切丁。

準備兩個玻璃水杯。由下往上依序添「草莓→香草醬→穀片」，最上方可添加些葡萄乾、新鮮藍莓點綴。完成後可先放進冰箱冷藏，待主食完成後再一起上桌！

英式香草醬
在大缽中加入蛋黃及砂糖，以打蛋器攪拌至糖粒融化完全，且蛋黃糊成滑順乳霜狀。

香草莢從長邊剖開，用刀背將香草籽刮下。香草籽、香草莢和牛奶一同放進小鍋中加熱。

中火把牛奶加熱至即將微滾的程度即可離火。將牛奶液慢慢分次沖入蛋黃液中，邊倒邊攪拌。

混合完畢，將蛋黃牛奶液再度倒入醬汁鍋中，小火微煮、持續攪拌。試著用湯匙背面沾取醬汁，當醬汁不會輕易滴落便完成。

胡蘿蔔柑橘果汁

一 材 料 一

柳橙　2 顆
葡萄柚　1/2 顆
檸檬　1/2 顆
胡蘿蔔　50 克
薑　約 2 公分長
蜂蜜　1 大匙

一 步 驟 一

柳橙、葡萄柚、檸檬榨汁備用。

胡蘿蔔與薑磨成泥狀（或者與水和蜂蜜一同加入果汁機中打碎），加入榨好的果汁攪拌均勻即可。

瀰漫鹹香風味的
法式早晨

A 櫛瓜培根鹹蛋糕
B 烤蜂蜜西洋梨佐優格及開心果
C 摩卡香蕉奶昔

　　初次將旅行目的地拉伸至英國以外的國度，那年我二十多歲，帶著微薄的旅費以及滿溢的期待前往巴黎。在那一趟旅行裡，我們在著名的花神咖啡館、雙叟咖啡館前合影留念，在看來美味的精緻小酒館前躊躇徘徊，無意間路過排著長長人龍的馬卡龍名店……，但在瑪黑區的一間小鋪子裡，我卻嚐到了人生中最好吃的培根蛋鹹派。

　　小鋪子就是那種位在轉角街區看起來毫不起眼的小咖啡店，店內空間不大，門口設了幾個座位，各種口味的鹹派則是一盤盤地排列在窗邊的玻璃櫃中。點片鹹派、佐些淋著油醋醬汁的芝麻葉，就這樣在街邊坐下，自在地吃著。這股鹹香的培根滋味，就這麼根深蒂固地停留在我的巴黎回憶中。

　　今晨，我不疾不徐從冰箱取出食材，一切都必須以緩慢的節奏進行著，只為了試圖重溫那日的巴黎悠閒。

先把櫛瓜刨絲、培根切丁,光是炒培根時的油焦香便令我滿足不已。接著搬出我那十足七〇年代摩登復古風格的食物處理機,把材料依序倒入,只要東按一下、西按一下,等到材料充分混合均勻後便可送進烤箱。這道帶點法式鹹派特色的鹹蛋糕,因為省去製作塔皮的步驟,變得輕鬆多了。

切塊盛盤後,擺上一大把綠色生菜,再淋點油醋醬,就可以配著鹹蛋糕開動了。偶而也會遇上想吃點重口味的早晨時,現切生辣椒調點蒜末、香油和醬油淋上,其台式風味醬汁的調調,也是令人胃口大開,再多吃下一塊鹹蛋糕可是常有的事!

櫛瓜培根鹹蛋糕

— 材 料 —

櫛瓜絲　1 杯（約 100 克）　　　雞蛋　2 個
紫洋蔥丁　1/2 杯（約 55 克）　　中筋麵粉　100 克
培根丁　1/2 杯（約 80 克）　　　泡打粉　1 小匙
切達起司絲　1/4 杯　　　　　　鹽　1 小匙
橄欖油（或沙拉油）　3 大匙　　黑胡椒　1/2 小匙
牛奶　100ml

— 步 驟 —

烤箱以 180℃預熱。方型深烤盤內部鋪上一層烘焙紙防沾。

平底鍋內倒入紫洋蔥丁及培根丁，中火翻炒約 5 分鐘。當洋蔥呈現微
軟半透明、培根略為上色後，起鍋放涼。

大盆中放入起司絲、雞蛋、牛奶、橄欖油，攪拌均勻。再接著拌入櫛
瓜絲、炒好的洋蔥及培根。最後加入過篩後的麵粉及泡打粉，將材料
拌勻後加入鹽及黑胡椒調味。

將麵糊倒入鋪了烘焙紙的深烤盤中，最上層可撒一些起司絲，送入烤
箱，烘烤約 30 分鐘，稍放涼後切成方形盛盤。

烤蜂蜜西洋梨佐優格及開心果

一 材 料 一

西洋梨　2 顆
蜂蜜　1/3 杯（125 克）
月桂葉　1 片
無鹽奶油　2 大匙
黑糖（muscavado sugar）　2 大匙
無糖希臘優格　1 杯（250 克）
開心果仁　1/3 杯（45 克）

一 步 驟 一

烤箱預熱至 200℃。西洋梨從長邊對切後去核。

鑄鐵平底鍋（或可入烤箱的平底鍋）中加入蜂蜜、奶油、黑糖及月桂葉，以中小火煮至微滾，將糖漿稍微攪拌均勻。

西洋梨切面朝下置於糖漿中，熬煮約 3 分鐘。接著將西洋梨翻面，使切面朝上。送入烤箱中續烤 10 ～ 15 分鐘，待表面微微帶有焦色且糖漿呈焦糖化為止。

趁熱擺盤，每份淋上 1 匙糖漿及希臘優格，並且撒上開心果仁。

摩卡香蕉奶昔

一 材 料 一

冷凍香蕉　2 根
濃縮咖啡液　3 大匙
牛奶　200ml
無糖可可粉　1 小匙
鮮奶油　隨意

一 步 驟 一

將冷凍香蕉切塊，和濃縮咖啡液及牛奶一同放入果汁機中攪打，直到呈現滑順狀。均分為兩杯後，各擠上一球鮮奶油，撒上無糖可可粉即可。（如果手邊沒有冷凍香蕉，可以使用新鮮香蕉加上 3 顆冰塊，牛奶減為約 170ml。）

奶昔 smoothie

　　自從喝過香蕉莓果奶昔後，就不可自拔地愛上了！這杯帶著豔麗桃紅色澤，酸甜中帶點青澀香蕉氣息的飲品，我可是喜歡極了，每每從超市買回一大包冷凍綜合莓果後，那幾天的餐桌上總會出現莓果奶昔的身影。喜歡自製水果奶昔的習慣居然不知不覺地持續了三、四年，偶爾早餐喝一杯、飯前喝一杯、做瑜珈前喝一杯、肚子餓時喝一杯，覺得最近水果吃太少時更要來一杯。慢慢的，水果奶昔的口味越來越多元，餐桌上的奶昔實驗也越玩越開心。

　　我的奶昔五大基本食材：牛奶、無糖希臘優格、香蕉、酪梨、麥片。

　　牛奶和優格用來調整濃度和口感。牛奶就像是所有食材的融合媒介，把所有食材的味道通通結合起來，再轉變為柔和的好味道。希臘優格的天然酸味，能把原本稍顯濃稠的口感變得較為清爽。香蕉、酪梨、麥片則是用來增加濃稠度，同時也是增加飽足感、提供身體所需的能量。酪梨的特殊氣味通常令人比較不敢嘗試，建議與香蕉同時搭配，將具有很棒的香氣和濃郁滑順的口感。

- 材料 -

• **酪梨香蕉蘋果奶昔**
　酪梨　1 顆
　香蕉　1 根
　蘋果　1/2 顆
　無糖優格　1/2 杯
　鮮奶　1/2 杯
　蜂蜜　1 大匙

- 步驟 -

酪梨沿著中間硬籽對半劃開，兩手握住劃開的兩邊，同時朝反方向旋轉即可輕鬆挖取果肉。（可參考酪梨芒果莎莎醬的酪梨切法，第 23 頁）
蘋果去皮去核後切成小塊。
將所有材料以果汁機或攪拌棒攪打，直至滑順呈乳霜狀，平均分成兩杯上桌。
（如果喜歡帶點冰沙口感，可以加入 4 ～ 6 顆冰塊一起攪打。）

- 材 料 -

- 綜合莓果麥片奶昔
  冷凍莓果或新鮮莓果　1 杯（可
  使用草莓、藍莓、小紅莓、黑莓、
  覆盆莓）
  即食麥片　4 大匙
  無糖優格　2 大匙
  牛奶　50ml
  蜂蜜　1 大匙

- 步 驟 -

將所有材料放入果汁機中攪打至均
勻滑順。
（如果喜歡冰沙口感的話，建議加
入一些冰塊一起攪打。）

- 材 料 -

- 椰香芒果奶昔
  無糖椰子粉　2 大匙
  芒果　1 顆（亦可使用冷凍芒果
  丁 1 杯）
  無糖優格　60ml
  牛奶　80ml
  蜂蜜　1 大匙
  百香果　1 顆

- 步 驟 -

先取出百香果果肉備用。
將其他所有材料放入果汁機中攪打
至均勻滑順。
奶昔平均分成兩杯後，各淋上半顆
百香果果肉即可。

女孩限定的早午餐派對

A 鴨肉菊苣沙拉
B 烤蘋果薄片
C 黑糖優格穀片
D 柑橘伯爵茶

　　這套早午餐組合是專為女孩聚會所設計的。以沙拉和穀片為主食，吃來清爽卻有飽足感，而且大部分的料理過程都可以預先準備，讓聚會主人可以從容接待來訪的好友。

　　只要先將鴨肉煎好放涼，蘋果片切好放入烤箱，黑糖醬也預先熬煮好。等好姊妹們都到來時，鴨肉切片後就能擺入沙拉盤。與此同時，烤箱裡的蘋果薄片香味四溢，再五分鐘就可以出爐。餐桌上也迅速擺好穀片、優格以及黑糖醬，當客人抵達即可隨興取用。茶壺裡的水已經滾過了一回，待會兒隨時可以沖茶。正當一切準備就緒，趁客人尚未到來的空檔，在餐桌擺上一小束剪得樸拙可愛的滿天星。

　　隨後，帶著淡淡的自在妝容，神清氣爽站在自家門口迎接姊妹的到來。當然，若是有人能帶來一瓶氣泡粉紅酒為餐桌添點氣氛，那這份早午餐菜單就更趨完美了！

　　餐桌上，雖以沙拉為主角，但豐富的配料
可不會讓大家餓肚子。鴨肉沙拉帶點果香的
黑醋醬汁和小橘子淡化了菊苣的苦味，酸酸
甜甜的滋味和鴨肉一起入口，保證嘴角上揚。
而帶著點孩子氣、有點像是零食的蘋果片，
則沾著黑糖糖漿入口，很是開胃，剛好可以
多吃一小碗優格穀片。

　　三五好友的女孩聚會，以沙拉輕食揭開序
幕，佐點甜味調和，最後則以帶著柑橘香氣
的伯爵茶收尾，暖胃又暖手。瞧！是不是很
棒的一場宴會。

《autumn》

鴨肉菊苣沙拉

— 材料 —

帶皮鴨胸肉　1 片
菊苣（chicory）　2 個
橘子　2 顆
巴薩米克黑醋　1 大匙
初榨橄欖油　3 大匙
帕馬森起司　1 大匙
鹽　隨意
黑胡椒　隨意

黑糖糖漿
黑糖　1 杯
水　1 杯

— 步驟 —

因為鴨肉通常較厚，先將鴨胸片為兩份薄片，可縮短烹飪時間。鴨肉兩面撒些鹽及黑胡椒，待鑄鐵鍋燒熱後，鴨皮面朝下先煎，兩面各煎約 4 分鐘。起鍋後，放置盤上放涼，冷卻後切片。

橘子剝皮後切成小瓣（記得從一片果瓣的中間位置切下，如此切法可以得到較漂亮的果肉切面）。菊苣清洗瀝乾後剝成小片。

菊苣、橘子片、鴨肉一同盛盤，刨些帕馬森起司，並淋上油醋醬即完成。

如果喜歡挑戰新口味的話，淋些黑糖糖漿在鴨肉上，將有意外的甜鹹美味喔！

黑糖糖漿
黑糖與水比例為 1:1。

在小醬汁鍋中加入水及黑糖，以中火把黑糖煮化後，轉小火濃縮至約 1/2 的分量（或自己滿意的糖漿狀），然後放涼備用。

請隨時以木湯匙攪拌鍋底，以免黏鍋燒焦。

152

153

烤蘋果薄片

－ 材 料 －

紅蘋果　1 顆
綠蘋果　1 顆
黑糖　1 大匙
肉桂粉　1/2 大匙

－ 步 驟 －

蘋果片薄為 3mm 厚度，均勻撒上肉桂粉和些許
黑糖，以 120℃ 烘烤約 25 分鐘。中途可將蘋果
片取出，稍微移動一下每片蘋果片，避免蘋果片
沾黏在網架上。

黑糖優格穀片（1 杯份）

－ 材 料 －

無糖優格　3 大匙
早餐穀片　隨意
（作法請參考 196 頁）
黑糖糖漿　1 大匙

－ 步 驟 －

取一個透明玻璃杯，底層加入
自己喜愛的 granola 穀片（食
譜可參考 196 頁），再添上 3
大匙的無糖希臘優格，接著淋
上一匙黑糖糖漿，上方再放上
些烤蘋果薄片裝飾。

柑橘伯爵茶

－ 材 料 －

Lady grey 柑橘伯爵紅茶包　2 個
黃檸檬片　2 ～ 4 片

－ 步 驟 －

多了柑橘香氣的柑橘伯爵茶，建
議單喝，勿加牛奶。也可加片新
鮮黃檸檬片，更添檸檬氣味。

若無法買到柑橘伯爵茶包，可以
使用一般的伯爵茶包，沖茶時加
入幾片新鮮的橘皮一起沖泡即可。

打開食物櫃，靈光乍現

A 韓式燻鮭魚拌飯
B 豆奶布丁
C 菊花薰衣草綠茶

　　憶起還在念書的學生時期，正巧同住的韓國室友是個熱愛韓式料理、經常開伙做菜的人。不用上課的午後，我們一起窩在小廚房裡，洗著一葉葉的大白菜，同時不忘撒上大量粗鹽浸泡，看她謹慎地進行韓式泡菜的每一道製作步驟，一切只為了隔天能得到一盆美味的泡菜。

　　除了自製泡菜，韓式拌飯可說是室友為我們料理的第一道菜。

　　她在小小的公用廚房裡，先磨出一大碗梨子泥、蘋果泥，再加入一大匙的韓式辣椒醬，攪拌均勻後來醃漬牛肉片。接著花一個下午洗切各式蔬菜絲，該涼拌的、該川燙的、該切絲的都一一備妥、毫不馬虎。備

好所有食材，我們這群食客所能回報的就是有如蝗蟲過境般瞬間完食，吃到碗底朝天，是對料理人的最佳讚美！

如今，簡化過後的韓式拌飯成了我的口袋料理名單。只要有一鍋現煮白飯和一包青綠的沙拉菜，其餘就看看冰箱裡還有哪些食材可用，沒有肉也沒關係，有蛋足矣，再不然，備用的罐頭玉米粒、鮪魚罐頭、冷凍毛豆等等也都是可行的搭配。如果想要做些豪華的菜色，不妨買幾隻鮮蝦燙熟，再搭配剛好熟軟的酪梨，和韓式辣醬拌在一起，鮮甜中帶點微辣，又是另一番風味。

韓式燻鮭魚拌飯

― 材料 ―

白米飯（或糙米飯） 2 碗
燻鮭魚 2 片
綜合生菜（蘿蔓葉、芝麻菜、莧菜）
　依個人食量
雞蛋 2 顆
海苔絲 隨意
白芝麻 隨意

拌飯醬
韓式辣醬 2 大匙
淡醬油 2 大匙
芝麻油（或香油） 1 小匙
白芝麻 1 小匙

― 步驟 ―

先將拌飯醬的所有材料在小碗中拌勻備用。

中火加熱平底鍋，煎出兩個單面的半熟太陽蛋。

大碗中盛入半碗白飯，擺上半熟蛋、燻鮭魚片、生菜，舀上一大匙的拌飯辣醬，再鋪上一把海苔絲、灑點白芝麻，便可上桌。

161

豆奶布丁

ー 材 料 ー

無糖豆奶　300ml
雞蛋　2 顆（約 110 克）
砂糖　2 大匙

ー 步 驟 ー

烤箱預熱至 180℃。在烤盤中加入 1/2 高
度的熱水，放進烤箱一同預熱。

在小深鍋中倒入一半分量的豆奶及砂糖，
小火加熱至微溫，待糖溶化即可離火。離
火後加入剩餘的豆奶。

在大碗中輕輕將雞蛋打散，愈少泡泡愈
好。接著加入豆奶，拌勻後以濾網過濾兩
次。過濾後的蛋奶液，如果仍有明顯的小
氣泡，可以用湯匙舀出。

將蛋奶液均分為兩杯，放置於烤盤中，入
烤箱隔水加熱 20 分鐘。

（中途如烤盤水分不夠了，可再加些熱水。）

補充：豆奶和蛋的比例約為 3:1，大家可
自行依雞蛋的大小調整豆奶的使用量。

菊花薰衣草綠茶

ー 材 料 ー

綠茶包　2 包
乾菊花　約 4 朵
乾燥薰衣草（或薰衣草糖）　2 小匙
熱水　300ml

ー 步 驟 ー

在茶壺中放入菊花及綠茶包，沖入熱水。

飲用前加入 1 小匙含花粒的薰衣草糖，
稍微攪拌待其溶解即可。如果習慣不加
糖的話，也可以直接加 1 小匙的乾燥薰
衣草。

熱飲時，菊花味會較為明顯，薰衣草味
則是若隱若現的香氣。冷飲時，沖泡後
放置 5 分鐘，瀝出茶湯並放涼，薰衣草
香氣則會明顯散出。

薰衣草糖
在密封罐中放入白砂糖及乾燥薰衣草，
蓋上蓋子後稍微搖晃均勻，密封二至三
天即可使用。

對美麗之島的
無盡依戀

- *A* 麻油薑絲麵線煎
- *B* 涼拌海帶芽
- *C* 蒜味酪梨
- *D* 黑糖薑汁枸杞茶

這是家的味道。

那段年輕時還住在家裡的日子，早上出門上班前總是匆匆忙忙，也鮮少有機會坐下來和爸媽一起吃早餐。媽媽知道我貪睡愛賴床，總是會先把我的早餐打包裝好，讓我隨手提了就能帶走。

裝在半透明塑膠袋裡的麵線煎是媽媽的早餐首選。炒得乾乾鬆鬆的麵線，帶著剛剛好的油分，一點兒也不膩口。微微透出的麻油薑香，讓麵線即使變冷了也依然美味。離家之後，即使住在遙遠的國度，我仍眷戀著來自臺灣的食材，例如家人寄來的麻油、麵線等等，而這就是一種對家鄉味的莫名堅持吧！

先用紅香麻油煸過的薑絲所散發出的薑香味兒，足以引人垂涎。就像電影《美味不設限》（The Hundred-Foot Journey）主角哈珊所說的「Food is memories」。在電影畫面裡，哈珊站在擁擠不已的市集人群中，情不自禁地兩手拿起海膽，捧到面前深深吸取著那股海味，腦中連結的卻是孩提時看著母親下廚的畫面。如今這深沉的薑香味，之於我，便是對奶奶、媽媽，對家鄉小島的依戀。

麻油薑絲麵線煎

一 材料 一

雞蛋　2 顆
麵線　2 束
薑　約 2 公分（切絲）
黑芝麻　1 小匙
麻油　1 小匙
鹽　1/2 小匙
白胡椒　1/2 小匙

一 步 驟 一

雞蛋打散備用。

將乾麵線放在大缽中，沖入熱水，浸泡 1 分鐘後撈起瀝乾，麵線呈現微軟狀態即可。千萬不要煮熟麵線，軟爛的麵線會變成糊狀，失去帶點嚼勁的口感。

平底鍋中先加入薑絲，小火乾煸 1 分鐘後再加入麻油拌炒 1 分鐘。

接著倒入蛋液，再將麵線放在蛋液上方，30 秒後待蛋液有些凝固，用鍋鏟將麵線小心略微整成圓餅狀。

麵線形狀固定後，小心運用平木鏟翻面，小火續煎 2 分鐘，直至表面有些微焦色，撒上適量的鹽及白胡椒調味即可。

涼拌海帶芽

一 材料 一

乾燥海帶芽　1/2 杯
蒜頭　1 瓣
鹽　1/2 小匙
白醋　1/2 小匙
糖　1/2 小匙
麻油　1/2 小匙
白芝麻　適量

一 步 驟 一

海帶芽用熱水沖燙一次，瀝掉水分。再用冷水浸泡至軟。泡軟後瀝乾。

蒜頭拍碎切成細末，加入麻油、鹽、白醋、糖混合均勻，倒入海帶芽中略醃 10 分鐘。上桌前撒些白芝麻。

蒜味酪梨

— 材料 —

酪梨　1 顆
蒜頭　1 瓣
麻油　1 小匙
醬油　1/2 小匙
白芝麻　1 小匙
黑芝麻　1 小匙

— 步驟 —

酪梨沿著中間硬籽對半劃開，兩手握住劃開的兩邊，同時朝反方向旋轉即可輕鬆挖取果肉。（可參考酪梨芒果莎莎醬的酪梨切法，第 23 頁）

蒜頭拍碎切成細末，連同麻油及醬油淋上酪梨。可搭配黑芝麻或其他果仁碎粒一起食用。

黑糖薑汁枸杞茶

— 材料 —

紅茶茶包　2 個
枸杞　1 小匙
薑　約 1 公分（磨泥）
黑糖　1 小匙（可依個人喜好調整）

— 步驟 —

先將薑段磨成泥。

把所有材料一同放進茶壺中沖泡，3 分鐘後拿起茶包，避免茶湯過濃。燜 5 分鐘至枸杞出味便可飲用囉！

跨越三代的
飲食記憶

　　我總是會回想起年幼時的年節餐桌，每到農曆春節，家裡總是全天無休地展開二、三十人的馬拉松聚會，媽媽、嬸嬸和奶奶總是不停地在廚房裡轉啊轉，就好像自家餐桌正供應著二十四小時不停歇的自助餐宴會似的。

　　而初二午後，是媽媽回美濃娘家的日子。偶爾，我們會在外婆家待兩天。次日早晨，媽媽總會起個大早上市場買回幾片金黃燙口的木瓜粄。她會在我們一邊說著好吃的同時，也一邊絮叨著製作木瓜粄的秘訣。將半熟的青黃木瓜刨成細絲，混入米漿麵糊再添點油蔥酥，用細火將木瓜絲慢煎呈金黃色澤，淋上蒜頭醬油，吃來便是香甜軟Q、清甜美味。

　　每每憶及美濃外婆家的種種，這薄薄一片的木瓜粄便是最令我嘴饞想念的了。這不僅是別處吃不到的在地好滋味，其純手工的庶民享受，不但是媽媽故鄉的早餐味道，也是我對外婆家的飲食記憶。

　　偶爾想到嘴饞不已時，翻出冰箱裡能刨絲的蔬菜，依循著印象炮製。雖不及木瓜的清甜，但仍有自成一格的風味，再淋上些自製的辣椒蒜頭醬油，或許離真正家鄉味也不致太遠吧！

1/3
CUP
80 ml

南瓜地瓜紅蘿蔔薯餅

— 材料 —

南瓜絲　80 克
紅蘿蔔絲　40 克
地瓜絲　80 克
麵粉　2 大匙
開水　2 大匙
雞蛋　1 顆
鹽　1 小匙
黑胡椒　適量
葵花油　少許

羅勒優格美乃滋
羅勒　約 20 片葉子
（帶梗無妨）
無糖希臘優格　2 大匙
美乃滋　2 大匙

— 步驟 —

將南瓜、紅蘿蔔、地瓜清洗後均刨
成絲。以微波爐 800 瓦加熱 1 分
鐘。加入開水、麵粉、雞蛋攪拌均
勻，以適當黑胡椒及鹽調味。

不沾鍋抹一點點葵花油，麵糊每面
約煎 4 分鐘或至表面金黃。

補充：不同蔬菜刨絲器可能刨出的
蔬菜絲粗細不同，若蔬菜絲較粗，
可多微波 1 分鐘。微波的用意是避
免煎煮的過程中，蔬菜絲還未煮熟
但表面已呈焦黃。但微波時不需要
至煮熟的程度，蔬菜絲微軟即可。

羅勒優格美乃滋
將一半分量的羅勒以研磨缽或果汁
機搗成泥狀，剩餘一半的分量切成
細末後，拌入無糖優格及美乃滋即
可。

香草米布丁

── 材 料 ──

白米　1/3 杯（約 60 克）（Arborio
米或是米布丁專用米）
全脂牛奶　500ml
糖　2 大匙
香草莢　1 根（或 1/2 匙香草精）

── 步 驟 ──

香草莢從長邊剖開，以刀背刮下香草籽。

所有材料連同香草莢加至鍋中加熱，滾沸
後轉小火，加蓋燜煮約 25 分鐘。請記得
要不時從鍋底翻攪食材，避免底部黏鍋燒
焦。熬煮完成後將香草莢撈起。

米布丁冷食或熱食皆可，但冰鎮後的米布
丁甜度會稍微降低。口味偏甜的人，熬煮
時可多加 1/2 匙的糖量。

香草米布丁是最基本的口味，可以搭配微
酸的水果醬、新鮮果粒或是蜂蜜。

烏龍奶泡茶

── 材 料 ──

烏龍茶包　1 個
紅茶茶包　1 個
牛奶　300ml
滾水　200ml
黑糖　1 大匙

── 步 驟 ──

茶壺中放入烏龍茶及紅茶，沖入滾水後浸
泡 5 分鐘，煮出稍濃的茶湯備用。

將牛奶以奶泡機打成綿密奶泡。

將茶湯平均倒進兩個杯中，各加入半匙黑
糖，再將牛奶奶泡緩緩倒入即可。

也可依個人喜好擠些鮮奶油。

鷹嘴豆泥抹醬

第一次嚐到鷹嘴豆泥（Hummus），是在希臘的聖多里尼小島上。

當時正是當地的旅遊淡季，這情況有好有壞，優點是少了許多喧擾嘈雜的遊客，而缺點是不少店家也趁此機會休息。我們幾乎都在同一家餐廳解決晚餐，光顧兩次之後和老闆漸漸變得熟悉，老闆招待我們一小碟乳白泥狀的沾醬和一份扁平麵包。乍看稍顯平淡，但我們嚐過之後不禁嘖嘖稱奇，也許是吃得太起勁了，鄰桌客人忍不住紛紛問起「那一盤是什麼？」。

回到英國後才意識到，原來這是多麼常見的抹醬，超市裡便有著各式各樣不同口味的 Hummus！早餐時，吐司烤酥後簡單抹上，或是拿根生西洋芹沾著吃，這些都是簡易的家常美味。自此以後，Hummus 抹醬便納入我們家的冰箱常備菜了。

以鷹嘴豆（chickpea）為基本食材的 Hummus 抹醬，由於鷹嘴豆本身並沒有太強烈的味道，所以是款可以依照自己的口味加以變化的食材。隨興搭配香菜、茴香、辣椒等香料，又或是加入不同的種籽增添香氣和營養。再講究一些則可拌入烤紅椒、南瓜、酪梨等蔬菜，帶來更多視覺上的色彩變化。

- 材 料 -

• **鷹嘴豆泥抹醬**
  罐裝鷹嘴豆　200g（約 1 杯）
  蒜頭　2 瓣
  芝麻醬（tahini）　120ml（約 1/2 杯）
  檸檬汁　2 大匙
  鹽　1 小匙
  初榨橄欖油　4 大匙（1 匙保留至盛盤後淋
  在表面）
  紅椒粉　2 小匙（1 匙加入攪打，1 匙保留
  至盛盤後撒在表面）
  冷開水　2 大匙
  香菜葉或巴西利葉　適量（請依個人喜
  好）

- 步 驟 -

取出罐頭中的鷹嘴豆，瀝乾水分。

將所有材料放入食物處理機中攪打，直到
抹醬成為滑順無顆粒的泥狀。抹醬如果太
稠，可多加 1 匙的開水調整濃度。

盛在大碗中，淋上 1 匙初榨橄欖油及剩餘
的 1 匙紅椒粉。依個人口味添些切碎的香
菜葉或巴西利葉即可。

- 材 料 -

• **松子酪梨鷹嘴豆泥抹醬**
  罐裝鷹嘴豆　100 克（約 1/2 杯）
  酪梨　1 顆
  蒜頭　2 瓣
  檸檬汁　1 大匙
  鹽　1/2 小匙
  冷開水　1 大匙
  塔巴斯克辣醬（tabasco）　1/2 小匙
  小茴香粉（cumin）　1/2 小匙
  松子　2 大匙（1 匙加入攪打，1 匙保留至
  盛盤後撒在表面）
  初榨橄欖油　1 大匙（保留至盛盤後淋在
  表面）

- 步 驟 -

以乾鍋烘烤松子直至稍呈金黃。

將所有材料加入至食物處理機中攪打至滑順
無顆粒的泥狀即可。

盛入大碗後淋上 1 匙初榨橄欖油及剩餘的 1
匙松子。

- 材 料 -

• **烤紅椒鷹嘴豆泥抹醬**
  紅甜椒　2 個
  芝麻醬　3 大匙
  橄欖油　1 小匙
  香菜粉　1/2 小匙
  小茴香粉　1/2 小匙
  罐裝鷹嘴豆　100 克（約 1/2 杯）
  蒜頭　1 瓣
  檸檬汁　1 大匙
  黑胡椒　適量

- 步 驟 -

先將 2 個甜椒鋪在鋁箔紙上放入烤箱，以炙
烤功能將甜椒表皮烤軟甚至有些焦黑（約需
烤 5 ～ 8 分鐘）。此步驟也可以使用瓦斯爐
小火直火烘烤。

將些微焦黑的甜椒用鋁箔紙包起來 10 分鐘，
利用餘熱及蒸汽讓表皮變得容易剝除。

打開鋁箔紙，把甜椒表皮剝除並切開去籽，
與其餘材料一同攪打成滑順的泥狀即完成。

走！上農夫市場買菜去

誠實的說，其實大部分的時間裡我還是在超市購買食材的。

英國各個大小城鎮裡，幾乎都有屬於該地區的農夫市場，也許是每個星期固定開市一次，或是每個月的其中一個週末。我特別喜歡在秋天的時候，特地選一週去農夫市場走走。秋天是個豐收的季節，在市集裡很容易就能看到一大排黃澄澄的南瓜、帶著綠皮黃鬚的玉米、香氣濃厚的蘋果、亮紅黝黑的李子等等，即使不是特意去買些甚麼，光是這種濃厚的季節氛圍，就足以令人滿足了！

最讓我印象深刻的市集，是在英國南部一個叫做 Lewes 的小鎮，每個月的其中兩個週六擺攤。我在這裡體驗到這輩子吃過最好吃的櫻桃，黑得發紫的櫻桃，個頭比超市販賣的大上一些，而且沒有被小心翼翼地裝在一個個塑膠盒裡，而是秤斤秤兩的販賣。老闆是個親切的女生，不停招呼著我們試吃。那次我只買了約莫 A5 牛皮紙袋大小的一包櫻桃，甜酸香氣使我忍不住邊走邊吃，不一會兒就見底了，早知道應該再多買些才是。

除了農產品,在市集裡也可買到熟食、果醬、醃漬品、花卉植物,有時更有些手工藝品攤子,總之就像是從鄰近的四面八方來趕集的人們,帶著滿心的誠意和自傲的自家商品,一攤攤的蔬食瓜果,農夫們都可以直接告訴你來源、產地和故事。對我來說,這種趕集似的農夫市集就是「Be local, buy local」的最佳實踐。購買鄰近居住地出產的商品,不僅是對該地的支持,其實也足以提升生活品質。直接與小農交易,了解餐桌上食物的來源,更重要的是人與人之間情感的交流。

到傑米奧利佛的烹飪教室吃早午餐
—— Recipease

位在倫敦諾丁山丘（Notting Hill Gate）的 Recipease，這是英國主廚傑米奧利佛開設的烹飪概念店。店鋪佔地兩層樓，外觀是可一眼望穿的透明玻璃，毫不保留地完整呈現出餐廳內獨有的廚房氣氛。一走進店裡，就看到如預期的一座開放式廚房位在正中央。Recipease 的店鋪概念，即是圍繞著這座開放廚房，以烹飪課程為主軸，不時可以看到麵包烘焙課、手工義大利麵課，甚至是烹飪基本技巧等相關課程，一樓販賣區還設有烘焙區、外帶熟食區，當然也一定售有傑米奧利佛品牌的食材、餐具、鍋具、食譜等相關商品。

在一樓逛完一圈後，可以上二樓的用餐空間點些輕食。有當日烘焙的麵包、現做英式瑪芬，早午餐價位大約在 15 英鎊以內。中午前來坐上一會兒，在二樓悠閒用點輕食、看看窗外風景，或是碰巧二樓的廚房空間正在上課的話，還可以偷學幾招。

我最喜歡這兒的奶油蘑菇開放吐司（Creamy pan-fried mushrooms on toast），帶著蒜味和百里香香氣的奶油蘑菇堆疊在切片的英式布魯姆麵包（English bloomer bread）上，滑嫩的蘑菇和烤番茄邊菜一甜一鹹，滋味迷人。飽食之後，接著前往波特貝羅市集（Portobello Market）挖挖寶、散散步，剛好！

店家資訊

Recipease by Jamie Oliver
網站：http://www.jamieoliver.com/
recipease/

諾丁丘門分店
地址：92-94,Notting Hill Gate,W11
3QB
電話：020 3375 5398
營業時間：週一至週六 8:00 - 22:00，
　　　　　週日 9:00 - 21:00

溫暖芬芳的
冬季早晨

A 舒芙蕾起司蔬菜歐姆蛋
B 英式麥片粥
C 香料奶茶

　　英國南部的冬天，下雪的日子不多，寒冷時氣溫大多維持在1～2℃左右。偶爾幾個半夜飄起薄薄的雪花，隔天一早便能迎接雪白屋頂無盡綿延的銀色世界。雖說英國整個冬季幾乎全屬灰白色調，但幸運時，天空會在早晨轉為清澈的湛藍，不時綴著一團團淡雅雲朵，這時候的陽光，十足誘人。我獨自站在廚房裡，貪圖此等美景悄悄開點窗縫，寒風趁隙而入，幸好廚房爐火正旺，室內變得暖烘烘的。

　　手裡握著小鍋的把手，先煮起一壺奶茶。微滾的熱水裡緩緩冒出肉桂香，光聞著就覺得暖和。移動到爐火另一側，開始輕柔地攪拌鍋裡的麥片，拌啊拌的，牛奶與麥片的香甜逐漸傳出。當一切準備就緒後，得要來煎歐姆蛋了，帶著微微氣泡的麵糊，質地輕盈，在鍋裡卻絲毫不流動。隨著熱度上升，蛋香自然四溢，然後摻雜了甜椒香、起司味，各種香味就在這短短的一個早晨裡，填滿我的小廚房。

舒芙蕾起司蔬菜歐姆蛋

— 材料 —

紅甜椒　1 顆（切長條絲）

橄欖油　1 大匙

雞蛋　3 顆

白蘑菇　100 克（切薄片）

切達起司絲　1/4 杯

醃橄欖　6 顆

芝麻菜　1 杯（或其他沙拉菜）

— 步驟 —

先以半匙橄欖油中小火拌炒紅甜椒絲及蘑菇片，炒軟後起鍋備用。

取兩個乾淨無油的大碗，分開蛋黃及蛋白。接著將蛋白以打蛋器拌打，直至蛋白變成均勻的細小泡沫，以攪拌器舀起時蛋白糊仍會緩慢滴落的程度（可以使用電動攪拌器，但要注意切勿過度，否則成品會變得太酥脆）。另一個大缽打勻蛋黃後，分兩次加入蛋白糊，輕柔攪拌使蛋液變得均勻。

平底鍋中加入半匙橄欖油，倒入一半的蛋液（一人份），中火煎至約五分熟，上層蛋液仍有些許流動。轉為中小火，在蛋皮的半邊撒上一半分量的紅甜椒絲、蘑菇、起司和橄欖。繼續加熱至起司有些融化即可關火。起鍋前鋪上芝麻菜或其他沙拉菜，以平鍋鏟將一邊的歐姆蛋小心翻起對折，盛盤後撒上新鮮百里香或白芝麻點綴。

接著，請以原鍋續做第二份。

英式麥片粥

— 材 料 —

燕麥片（rolled oats） 1 杯（100 克）
牛奶 1 杯（250ml）
水 1 杯（250ml）
鹽 1/2 小匙
蜂蜜 2 小匙
新鮮水果 隨意

— 步 驟 —

燕麥片、水、牛奶與鹽一同加入鍋中，中火加熱。邊加熱邊攪拌，微滾時轉小火，直到燕麥粥開始變得濃稠即可關火。

食用前加一小匙蜂蜜或新鮮水果。

香料奶茶

— 材 料 —

綜合香料
• 肉桂棒 1/2 根（或肉桂粉 1 小匙）
• 小荳蔻粉 1/2 小匙
• 肉豆蔻粉 1/2 小匙
• 丁香 1/2 小匙
糖 2 小匙
牛奶 1 杯（250ml）
水 1 杯（250ml）
紅茶葉 1 大匙

— 步 驟 —

將綜合香料、紅茶葉與水一同加入小深鍋中，加熱至滾沸。滾沸後關火，蓋上鍋蓋悶 10 分鐘。香料浸泡出味後，再重新加熱至接近滾沸（冒小泡的狀態），關火並加入紅茶葉，燜泡 3～5 分鐘後即可。

用小篩網過濾掉香料渣及茶葉，將牛奶和糖一起加進茶湯中，小火加熱約 1～2 分鐘即完成。

核果雜糧燕麥片（Granola）

自製 Granola 正流行！

從去年開始，英國的超市開始販售用早餐穀片做成的燕麥棒，一根根燕麥棒分別包裝，訴求方便、健康、隨時都能補充能量。有好一陣子，我自己的隨身包包裡也總是塞了 1、2 條存糧，以解突然席捲而來的飢餓感。

開始喜歡吃燕麥棒之後，才發現作燕麥棒的核果雜糧燕麥片其實非常容易自製。Granola 通常是當作早餐或是點心，燕麥片裡加了核果、雜糧及蜂蜜，一同烘烤過後，吃來口感酥脆且營養成分十足。和牛奶、無糖優格、季節水果配著吃，便是一碗豐盛又營養的早餐。又或是當作零食點心，隨時能提供能量補給，重點是美味又健康！

試作幾次後，逐漸摸索出帶有個人特色的 Granola 食譜。但也因為是自家製的，烘烤每一批 Granola 時，加進去的材料都會略有不同，例如黑白芝麻、開心果仁、蔓越莓乾、枸杞果乾口味等等。但是無妨，這就是自製 Granola 的樂趣之一，照著自己的喜好與口味來調整。夏天可添加一些熱帶水果乾、冬天則加一些肉桂、薑粉來暖身。只有一小點要提醒的是，燕麥片和果乾盡量購買有機的產品，好的食材會讓成品更加分。

烘烤 Granola 時，除了果乾類的材料是烘烤完成後才加入，其餘大部分的材料如雜糧、堅果類都可同時放入烤箱烘烤。但像椰子絲這類體積小的食材則需保留至中途再加入，不然容易烤焦。

兩週一次的烘烤，是我的兩人小廚房目前的生產節奏。徹底放涼後裝進一個好看的密封罐中，每天打開舀出一大匙來，品味自己的手藝，也許稱不上完美，但那股細微的驕傲與滿足感，是會在心裡流動的。

— 材料 —

葵花油　2 大匙
蜂蜜　2 大匙
黑糖　2 大匙
燕麥片　150 克
葵花籽　50 克
杏仁片　50 克
榛果仁　50 克
葡萄乾　50 克
無糖椰子絲　50 克

— 步驟 —

烤箱預熱 150℃。準備一個平烤盤並鋪上烘焙紙。

除了葡萄乾及椰子絲，在大盆中混合其他所有材料。混合均勻後，平鋪至烤盤中烘烤 10 ～ 15 分鐘。

取出烤盤，均勻混入椰子絲，再烘烤 10 ～ 15 分鐘。取出後混入葡萄乾即可。

放涼後存放在密封罐，約可保存一個月。

給你的
Happy Birthday
Brunch

A 舒芙蕾烤鬆餅
B 茴香蘋果沙拉
C 熱伯爵巧克力

　　冬天出生的他和春天出生的我，有著截然不同的個性，說是互補也好、碰撞出火花也是。這點套用在飲食上尤其明顯，他愛吃麵食、麵包和各式烘焙甜品；而我愛吃米飯、鹹食，零食餅乾極少入我口中。

　　在電影《敬！美味人生》（TOAST）裡，年輕的 Nigel Slater 說：「It is impossible not to love someone who makes toast for you.」（你不可能不愛上那個為你做烤吐司的人），即使 Nigel 的母親是多麼不擅廚藝，他還是愛著媽媽。就算只是簡單的一片烤吐司，抹上鹹味奶油，趁奶油緩緩融化時一口咬下酥脆鹹香，我稱它為最平凡細微的幸福。

　　對方生日這天，為他烤一份蓬鬆柔軟的鬆餅，是我的表達方式。做你愛吃的，再陪你一起吃光它。不追求奢華浪漫的燭光晚餐，能品嚐出料理人偷偷加進食材裡的滿滿心意，才是餐桌上最重要的小事。

舒芙蕾烤鬆餅

― 材 料 ―

雞蛋　4 顆
白砂糖　40 克（3 大匙）
全脂牛奶　1/3 杯（80ml）

無鹽奶油　5 克
中筋麵粉（plain flour）　1/3 杯（55 克）
泡打粉　1 小匙

― 步 驟 ―

將牛奶和奶油放入醬汁鍋，微火加熱至奶油融化即可離火（或微波 1 分鐘）。

烤箱預熱 180℃。烤模薄塗上一層奶油。

準備兩個乾淨無油的大碗，分開蛋黃及蛋白。以電動攪拌機打發蛋白，先將蛋白打至起泡，接著分兩次加入砂糖。蛋白打至乾性發泡（stiff peaks form），也就是攪拌器提起時，前端有尖尖不滴落的蛋白。

另一個蛋黃碗，以手持攪拌棒將蛋黃拌打至淡黃色乳狀，加入牛奶奶油液攪拌。拌勻後加入過篩的麵粉及泡打粉，以切拌方式攪拌均勻。

將打發的蛋白分三次加入蛋黃麵糊中，以切拌的方式輕柔拌勻。

倒入烤模中，送入烤箱烘烤 20 分鐘。趁溫熱時脫模擺盤，淋上蜂蜜或果醬、巧克力醬，趁熱享用！

茴香蘋果沙拉

— 材 料 —

茴香　1/2 顆
蘋果　1 顆
紅石榴　1/2 顆

醬汁
法式 Dijon 芥末醬　1/4 小匙
鹽　1/2 小匙
檸檬汁　1 小匙
巴薩米克黑醋　1/2 小匙
橄欖油　1 大匙

— 步 驟 —

剝除茴香較老的外皮。將茴香及蘋果切成約略相同粗細的條狀。

將醬料在小碗中拌勻，均勻淋在茴香及蘋果上，盛盤後灑上紅石榴籽。

熱伯爵巧克力

— 材 料 —

伯爵紅茶包　1 包
全脂牛奶　400ml
水　100ml
碎苦甜巧克力　30 克
無糖可可粉　4 大匙
砂糖　1 大匙

— 步 驟 —

水倒入小鍋中加熱至沸騰，轉為小火並加入伯爵茶包。煮約 2 分鐘直至茶色及茶味出現。

加入牛奶，小火繼續加熱至冒小泡的狀態，並注意不要滾沸。取出茶包。

加入糖及可可粉，以打蛋器邊攪拌邊微火加熱至充分溶解。

加入碎巧克力，繼續攪拌至完全溶解。過程中可適時讓鍋子離火，保持巧克力不致沸騰的狀態。

忘不了
法式經典美味

A　經典法式起司火腿薄餅 galette
B　西洋梨核果沙拉佐藍紋起司
C　香料蘋果汁

小熊維尼故事本裡有一段維尼和好朋友小豬的對話……

"When you wake up in the morning, Pooh," said Piglet at last,
"what's the first thing you say to yourself ?"
"What's for breakfast?" said Pooh.
"What do you say, Piglet?"
"I say, I wonder what's going to happen exciting today?" said Piglet.
Pooh nodded thoughtfully.
"It's the same thing." he said.
── A.A. Milne 《Winnie-the-pooh》

　　小豬 Piglet 問維尼：「當你每天早上醒來時，你對自己說的第一句話是什麼呢？」

維尼回答：「早餐吃什麼？」

接著，維尼反問小豬 Piglet：「那你呢？你會說什麼？」

小豬 Piglet 回答：「我會想著今天會有什麼令人興奮的事發生？」

維尼點點頭想了一下說：「那不就是同一件事嘛！」

　　這段對話使我想起和妹妹一起的巴黎之旅，短短三天兩夜的旅程，因為時間有限，我們早上起床後總是先出發前往景點，然後再找機會吃早午餐。抵達聖母院的那個早上，是我和法式薄餅的第一次邂逅。折成三角錐形的餅皮，層層疊疊包裹著香濃的榛果巧克力醬（Nutella），一口咬下是 Q 軟的口感，熱呼呼的香甜味，讓我們在人來人往的聖母院前廣場妳一口我一口地分食。雖然只是間再普通不過的薄餅店鋪，但卻是寒冷巴黎之行中忘不了的美好滋味。

經典法式起司火腿薄餅（galette）

一 材 料 一

薄餅麵糊（約 8 張份）

蛋　2 個

全脂牛奶　1 杯（250ml）

水　1/4 杯（60ml）

蕎麥麵粉（buckwheat flour）　2/3 杯（約 90 克）

中筋麵粉　2/3 杯（約 90 克）

鹽　1/4 小匙

融化奶油　3 大匙

起司火腿薄餅

薄餅　2 張

薄片火腿　2 片

切達起司絲　1/2 杯（或使用 Emmenthal、 Gruyere 亦可）

雞蛋　2 個

鹽及黑胡椒　適量

融化奶油　1/2 大匙

一 步 驟 一

如果手邊有食物處理機是最好不過了！ 將所有材料放入食物處理機，攪打至麵糊呈現滑順感。若是沒有食物處理機也無妨，取一個大缽打入蛋、牛奶、水，攪拌至均勻。接著加入麵粉及鹽，再次攪拌至混合完全，最後加入融化奶油拌至麵糊滑順無粉粒。 蓋上保鮮膜放入冰箱讓麵糊靜置至少 30 分鐘。（麵糊也可以前一晚先製作好，隔日早上便可直接開始煎薄餅）

平底鍋用中火加熱，鍋熱後加入一小塊奶油，奶油融化後舀入一大匙麵糊，鍋子稍稍離火並轉圈，讓麵糊均勻的流成薄麵皮。

轉小火，將火腿撕成長條狀，在麵糊上擺放成口字型，中間的位置則打入一顆雞蛋。蛋白部分變白凝固後，撒上一層起司絲，起司稍融化後便可折起薄餅皮的四邊，稍微用鍋鏟壓一下四邊，方形固定後就可以盛盤。盛盤後可灑上百里香或細香蔥（chives）碎末。

西洋梨核果沙拉佐藍紋起司

― 材 料 ―

西洋梨　2 顆
核桃　2 大匙
藍紋起司　2 大匙
沙拉菜　適量
蜂蜜　1 大匙

― 步 驟 ―

西洋梨洗淨不去皮，去核後每顆分切為 8
片。沙拉洗淨後瀝乾水分，鋪於盤底。接
著隨意地鋪上西洋梨片、核桃果仁及捏碎
的藍紋起司。

香料蘋果汁

― 材 料 ―

蘋果汁　400ml
肉桂棒　1/2 根
丁香　2 顆
橘皮絲　1/2 顆
蜂蜜或砂糖　1 大匙
蘋果丁　適量

― 步 驟 ―

蘋果汁和肉桂、丁香、橘皮絲一同以小
鍋盛裝，小火加熱。加熱約 10 分鐘直至
香料味道釋出，即可關火。分裝時撈起香
料，在杯中可以先放入未去皮的蘋果丁和
橘皮絲點綴，飲用前再依個人喜好加入糖
或蜂蜜。

日式風情
的早午餐聚會

A 鮭魚親子茶泡飯
B 茴香籽白花椰菜
C 炙烤葡萄柚

　　決定和友人一起舉辦一場和風飲食聚會，採買時間約在清晨五點半（是的，英國冬日且天還未亮的五點半）！我們一夥人搭上倫敦市區的夜間公車，搖啊晃地前往東倫敦 Billingsgate 魚市場。Billingsgate 魚市場是英國最大的內陸市場，漁獲在凌晨直送至魚市場，新鮮程度可想而知。我們採買完食材後，又一路顛簸踏上歸途。

　　返家後亦不得閒，在廚房裡，一群人七手八腳的，洗洗切切，趁鮮妥善料理大量食材，分裝後急速冷凍。畢竟好食材得來不易，得好好珍惜。一路忙到中午前，處理好的海鮮自然是早午餐的要角了。大家一同坐下享用這帶點日式風情的早午餐，不禁回想起從天未亮便出門的採買記憶，使這一餐似乎帶著些許不一樣的意義。我想，這就像是平日裡的小奢華——雖是稍稍偏離了一下常軌，但卻因為那帶點瘋狂的舉動，而獲得更強烈的口腹滿足吧！

鮭魚親子茶泡飯

─ 材 料 ─

鮭魚片　100 克

Sillrom 魚卵　1 大匙

（可使用鮭魚卵或其他魚卵）

新鮮干貝　2 個

奶油　1 大匙

橄欖油　1 大匙

玄米煎茶包（或綠茶包）　1 包

熱水　300ml

白芝麻　1 小匙

白飯　2 碗

─ 步 驟 ─

先將鮭魚片成約 1 公分厚的薄片。平底鍋中火加熱，加入奶油及橄欖油（奶油可使食材容易上色，但只使用奶油的話鍋面易焦）。

奶油融化後，同時煎鮭魚及干貝。干貝每面煎約 3 分鐘，每面熟透前不要翻面，否則容易沾鍋。鮭魚每面煎約一分半鐘，兩面呈現金黃色即可。起鍋後可先置於餐巾紙上稍微吸點油，便可將食材鋪排在白飯上，最上方放上一匙 Sillrom 魚卵和白芝麻。

茶包以滾水沖泡後，放置約 3 分鐘，食用前趁熱淋上茶湯。

茴香籽白花椰菜

ー 材 料 ー

白花椰菜　約 300 克
茴香籽　1 小匙
橄欖油　1 大匙
鹽　適量
黑胡椒　適量

ー 步 驟 ー

花椰菜切成小朵洗淨，先以滾水川燙 4 分鐘後徹底瀝乾（約 5 分熟）。

茴香籽以乾鍋烘烤 1 ～ 2 分鐘。

在大碗中加入 1 匙橄欖油、茴香籽、白花椰菜，拌勻後在平底鍋中小火烘烤，直到白花椰菜表面上色微焦。起鍋後撒點黑胡椒及鹽調味。

炙烤葡萄柚

ー 材 料 ー

紅肉葡萄柚　1 顆
黃砂糖　2 大匙
新鮮薄荷葉（或薰衣草糖）　1 小匙

ー 步 驟 ー

打開烤箱的炙烤功能，使用中等火力（我的烤箱是火力 3）。

烤盤鋪上一層鋁箔紙。

葡萄柚的頭尾先稍微切掉一些，可更妥善地平放在烤盤上。對切為兩半，切面朝上放在烤盤上。每份葡萄柚撒上 1 大匙砂糖。

將烤盤放置在烤箱靠上方 1/3 處，炙烤約 5 分鐘（視烤箱火力斟酌），只要葡萄柚邊緣有些微焦、砂糖開始冒泡微微變色即可。

將葡萄柚擺到小盤上（請小心滾燙的糖漿），撒些新鮮薄荷葉或薰衣草糖增添香氣。

無比美味
的胡蘿蔔料理

A 胡蘿蔔地瓜濃湯
B 迷迭香起司吐司條
C 葡萄優格沙拉

我做過好幾種不同口味的胡蘿蔔濃湯。

老實說，我以前完全不敢吃胡蘿蔔，但自從嚐過 BRIGHTON 小店裡的胡蘿蔔蛋糕後，我對胡蘿蔔這個食材開始有了不同的想像。那天，在某次聚會中，我嚐到 BRIGHTON 店家準備的今日濃湯，灰灰土土的濃湯外觀，視覺上實在不太引人垂涎，沒想到入口後滿是濃郁的蔬菜甜香，完全不帶胡蘿蔔的特殊味道。

從此之後，我由香菜胡蘿蔔濃湯開始入門試作，接著嘗試做了烤胡蘿蔔蘋果濃湯、茴香胡蘿蔔濃湯、辣胡蘿蔔香料濃湯等等。每一種湯品都帶有些微不同的風味和氣息，烤胡蘿蔔蘋果濃湯有著蘋果的微酸和香

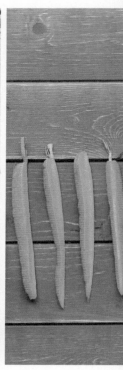

甜、茴香胡蘿蔔則是淡淡的八角
餘韻、辣胡蘿蔔香料濃湯卻是有
點異國料理的風采。相同的是這
些湯品都有著滿滿的蔬菜甜味，
濃湯內含大量蔬菜纖維，其實飽
足感十足，搭配一小碟烤到酥脆
的麵包，慢慢沾著吃。小小一碗
湯，就能讓我在冬日早晨感到無
比滿足。

胡蘿蔔地瓜濃湯

— 材 料 —

橄欖油　1 大匙　　　　　　　高湯或冷水　4 杯（1000ml）
洋蔥　1 顆　　　　　　　　　鹽　1 小匙
地瓜　200 克　　　　　　　　黑胡椒　隨意
胡蘿蔔　250 克　　　　　　　鮮奶油　隨意
蒜頭　1 瓣
新鮮百里香　4 根（或乾燥百里香1 小匙）

— 步 驟 —

胡蘿蔔、地瓜切成約略相同大小的小丁，洋蔥也切丁。

深湯鍋內放入橄欖油、洋蔥、胡蘿蔔、地瓜、百里香及蒜末，以中火拌炒約 5 分鐘。加入高湯，加熱至滾沸後關小火，小火熬煮 20 ～ 30 分鐘，直到蔬菜都熟軟。

使用手持攪拌棒或食物處理機把蔬菜湯打成濃湯，加入適量鹽和黑胡椒調味。上桌前可再稍微加熱，盛入碗後，表面淋一匙鮮奶油即可。

迷迭香起司吐司條

— 材料 —

新鮮迷迭香　1/2 大匙
帕馬森起司　2 大匙
肉豆蔻粉　1/2 小匙
全麥吐司　2 片
黑胡椒　1/2 小匙

半熟水煮蛋
雞蛋　2 顆

— 步驟 —

先將迷迭香切得細碎，再混入起司、肉豆蔻粉和黑胡椒。

吐司切成約 2 公分寬的條狀，平排在烤盤上，撒上香料起司，放入烤箱。以炙烤功能烤 1 ～ 2 分鐘便可取出。

半熟水煮蛋
雞蛋若從冰箱取出，建議先退冰至室溫後才下鍋煮，蛋殼較不易破裂。

雞蛋洗淨後放入深鍋，加冷水至略淹過雞蛋的高度。蓋上蓋子加熱至水滾就立即關火。蓋子蓋著燜 5 分鐘，半熟蛋即完成。

食用時，將雞蛋放在蛋架上，用湯匙背面輕敲雞蛋頂端，剝除頂端 1/5 處的蛋殼，先挖去一些蛋白。食用時可用小湯匙挖取，或用吐司條沾取蛋黃食用。

葡萄優格沙拉

— 材料 —

無籽葡萄　1 杯
青蘋果　1 顆
（Granny Smith apple）
奇異果　1 顆
無糖希臘優格　2 大匙
蜂蜜　1/2 大匙
葡萄乾　隨意

— 步驟 —

蘋果洗淨去核，切成約 2 公分的小丁。奇異果去皮切成同等大小。葡萄對半切開。

在大缽中放入水果、優格及蜂蜜，混合均勻。盛盤後灑上葡萄乾。

餐桌上
的聖誕慶典

A　英式橘子醬麵包布丁
B　花生醬核果麥片球
C　蜂蜜肉桂紅茶

　　歲末年終，準備迎接聖誕假期，這篇為大家介紹英倫氣息濃厚的早午餐組合。

　　麵包奶油布丁（Bread and Butter Pudding）是道非常受歡迎的傳統點心，這道食譜最早被記錄在一七二三年 John Nott 的《THE Cook's and Confectioner's Dictionary》。雖然麵包奶油布丁總是被歸類為「甜點」，但在聖誕節慶的日子裡，把它當作早午餐的主食，其實是再適合不過了。畢竟這可是一整盤的吐司，若是吃完正餐後再吃這一小盅麵包布丁，老實說是有點吃不消的。

　　我反而如此想像著：在聖誕節的早上，屋外是冷冷霧霧的空氣，而這時剛出爐的奶油麵包布丁正散發出濃濃的奶油香，甜甜的香氣正好溫柔地把還在暖和被窩裡的家人一一喚醒。一家人忍著拆開禮物的慾望，先在餐桌上共享餐點、和彼此相處。用大湯匙分食著剛出烤爐還熱燙著的奶油麵包布丁，上方酥脆、內容軟嫩，入口後帶有清新的橘子味和淡淡的雞蛋香。一邊喝著帶有肉桂香的熱茶，再一口一個把麥片球送進嘴裡。吃飽喝足了，緊接著迎接這個美好的聖誕假期。

英式橘子醬麵包布丁

— 材 料 —

無鹽奶油　20 克
吐司　3 片
全脂牛奶　250ml
鮮奶油　50ml（double cream）
雞蛋　1 個

砂糖　20 克
葡萄乾　2 大匙
橘子醬（orange marmalade）3 大匙
檸檬皮屑　1 大匙
杏仁片　1 大匙

— 步 驟 —

烤箱預熱 180℃。

先在吐司兩面均塗上奶油，並在單面多塗上一層橘子醬。

將吐司從對角線的地方切開成三角形。塗了橘子醬的那面朝上，稍微重疊地平鋪在烤盤中，並灑上葡萄乾。

在大量杯中打入雞蛋、砂糖、檸檬皮屑，攪拌均勻後再加入牛奶、鮮奶油，再攪拌至融合。

將蛋奶液淋到吐司烤盤上，浸泡 20 ～ 30 分鐘。

送入烤箱前撒上一些杏仁片，烤 35 分鐘，直到表面金黃酥脆。

花生醬核果麥片球

— 材 料 —

蜂蜜　2 大匙
花生醬　2 大匙
無鹽奶油　1 大匙
燕麥片　1/2 杯（約 40 克）
核桃果仁　3 大匙
黑芝麻　1 大匙
白芝麻　1 大匙
無糖椰子絲　1 大匙
葵花油（或其他蔬菜油）　1 大匙

— 步 驟 —

核桃果仁以食物處理機或果汁機打成小碎粒（或是裝在厚夾鏈袋中，以擀麵棍敲打成碎粒）。

在小鍋中倒入蜂蜜、花生醬、奶油，以小火加熱約 2 分鐘，稍微攪拌至均勻滑順即可關火。接著加入燕麥片、核桃果仁碎粒、黑芝麻、白芝麻拌勻。

雙手塗滿葵花油後再把手沾溼。用湯匙或冰淇淋匙舀出相同分量，以手心滾成圓球狀後，再滾上一層椰子絲。每滾兩到三個麥片球，雙手可稍微沖點水，把黏在手心上的碎粒沖掉。滾下一個麥片球時，才不會沾黏在手上。完成後，放入冰箱冷藏至少 20 分鐘，口感會比較硬脆（可以照個人的喜好加入巧克力豆、其他堅果仁、果乾或種籽）。

蜂蜜肉桂紅茶

— 材 料 —

紅茶包　2 包
熱開水　400ml
蜂蜜　1 大匙
肉桂棒　2 根
橘子皮　隨意

— 步 驟 —

在杯中放入茶包、橘子皮及肉桂棒，沖入熱水泡約 3 分鐘（或依照個人喜好調整）。

飲用前調入 1 小匙蜂蜜，以肉桂棒攪拌更有滋味喔！

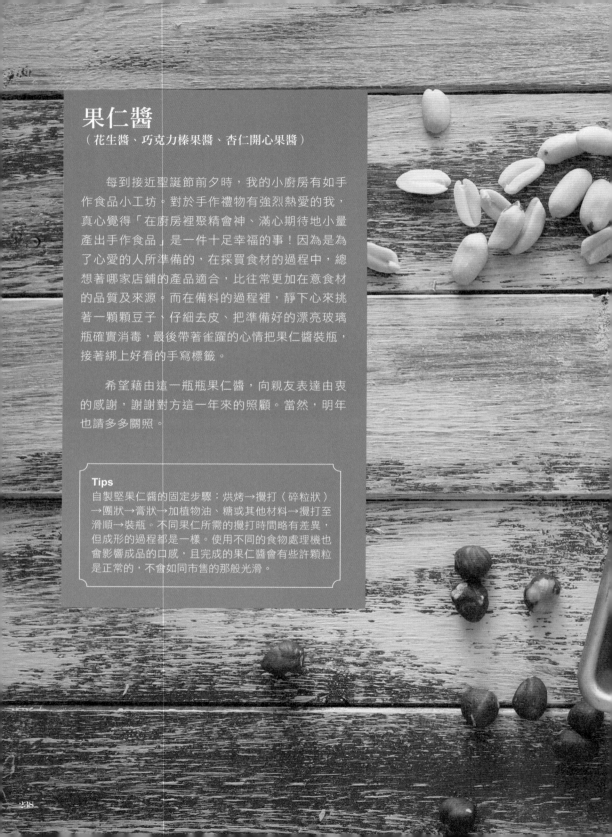

果仁醬
（花生醬、巧克力榛果醬、杏仁開心果醬）

　　每到接近聖誕節前夕時，我的小廚房有如手作食品小工坊。對於手作禮物有強烈熱愛的我，真心覺得「在廚房裡聚精會神、滿心期待地小量產出手作食品」是一件十足幸福的事！因為是為了心愛的人所準備的，在採買食材的過程中，總想著哪家店鋪的產品適合，比往常更加在意食材的品質及來源。而在備料的過程裡，靜下心來挑著一顆顆豆子、仔細去皮、把準備好的漂亮玻璃瓶確實消毒，最後帶著雀躍的心情把果仁醬裝瓶，接著綁上好看的手寫標籤。

　　希望藉由這一瓶瓶果仁醬，向親友表達由衷的感謝，謝謝對方這一年來的照顧。當然，明年也請多多關照。

Tips

自製堅果醬的固定步驟：烘烤→攪打（碎粒狀）→團狀→膏狀→加植物油、糖或其他材料→攪打至滑順→裝瓶。不同果仁所需的攪打時間略有差異，但成形的過程都是一樣。使用不同的食物處理機也會影響成品的口感，且完成的果仁醬會有些許顆粒是正常的，不會如同市售的那般光滑。

- 材 料 -

• **花生醬**
  熟去皮花生果仁　2 杯（約 280 克）
  鹽　1/4 小匙
  花生油　1 大匙
  蜂蜜　1 大匙

- 步 驟 -

先將去皮花生平舖在烤盤上，以 170℃烘烤約
10 分鐘，烤至有花生香味及表面呈些微油亮
（烘烤過後釋放出的油脂，可以幫助花生醬在
攪打時更滑順）。

趁花生醬還溫熱時，倒進食物處理機中。攪
打約 5 分鐘，每攪打 1 分鐘可停下打開蓋子，
將底部的花生碎粒刮一下，稍微攪拌均勻，接
著再繼續攪打，觀察花生碎粒逐漸變成濃稠的
泥醬。

加入鹽、椰子油及蜂蜜，繼續攪打 1 ～ 2 分
鐘，直到花生醬成為滑順的醬狀。完成後的花
生抹醬放在冰箱冷藏，可保存數週。

－ 材 料 －

• **巧克力榛果醬**
去皮榛果果仁　1 杯
無糖巧克力粉　2 大匙
砂糖　3 大匙
鹽　約 1/8 小匙

－ 材 料 －

• **杏仁開心果醬**
去皮杏仁　1 杯
去皮開心果仁　1 杯
蜂蜜　2 大匙
肉桂粉　1/8 小匙

到聖誕市集吃各國小吃！

聖誕月，市集月！

每年從十一月底開始，大大小小的耶誕市集便會開跑。最大型也最著名的聖誕市集當屬海德公園的 Winter Wonderland，為時一個多月的冬季遊樂園，市集內容適合各個年齡層，是老少皆宜的好去處。此外，也有不少週末限定的 pop up 聖誕市集，為期僅僅兩到三天，像是今年的北歐聖誕市集（the Scandinavian Christmas Market ）就舉辦在兩間挪威與芬蘭教堂邊，雖然規模不大，但氣氛有別於常見的德式聖誕市集，小巧卻具主題，讓人逛起來饒富興味！

提到聖誕市集，必定要來分享幾樣口袋覓食清單。大多數聖誕市集以德式為主，自然少不了德式香腸的市集小屋，圓圓的大鐵網上堆著滿滿的紅、白香腸，將香腸夾在熱呼呼的鬆軟麵包裡，再隨意擠上滿滿的芥末醬和番茄醬。兩人分食一份墊墊胃，接著便開始搜尋英式傳統烤豬肉的攤子，漢堡裡夾了帶著煙燻香的烤豬肉和幾片脆豬皮，佐點酸甜蘋果醬，十足好吃！

Charcoal BBQ

German Bratwurst 4.50

Krakauer (Baconsausage) 4.50

Käsekrainer (Cheese Filling) 4.50

German Lager 5.00 Pint

MULLED WINE WITH RUM OR AMARETTO 6.00

243

由於歐洲的冬季約莫下午三點多之後，天
色便開始轉暗，逛耶誕市集就像是在逛夜
市一樣，令人精神振奮。吃完小食，漫步
至賣飲品的小木屋裡，點一杯暖手暖身的
香料紅酒（Mulled Wine）。綜合香料和淡
淡柑橘香的熱紅酒，是各地的聖誕市集絕
對會有的節慶飲食。在一個大鍋裡放入肉
桂、橙皮、薑片、肉豆蔻、蘋果等材料，
紅酒就在大鍋裡滾啊滾的，混合香料的氣
味逐漸飄散在空氣中，喝一口，心暖胃也
暖，難怪 mulled wine bar 攤位前，總是擠
滿了人潮。喝了暖酒，另一側的烤栗子攤
車，也是值得光顧的聖誕美食。帶著一包
熱呼呼的烤栗子，在攤位邊挑個位置坐著，
挺惬意的。

聖誕市集裡除了幾樣必吃的美食之外，當然還可以看到一些相關特色商品。就像我們逛夜市一樣，除了吃吃喝喝外，總還是得要逛逛小東西，買點紀念品才算走完行程。乾燥水果製成的聖誕花圈，帶有濃濃的肉桂和橘皮香，是非常特別的應景飾品。又或是來自德國的耶誕水晶吊飾，晶瑩剔透的明亮感，拿在手裡像正一閃一閃發著光，總令我不由自主地帶一個回家。喝了酒、吃了肉，若肚子還有點空間，建議一定要點個榛果巧克力口味的法式薄餅做為完美結局。

在一年裡的最後一個節日，心滿意足地度過，然後在聖誕節時和家人親友一同圍坐餐桌邊，祈許著來年的平安喜樂。

東倫敦的時髦英式料理
—— Albion Café

Shoreditch high street 這一帶一直是我最喜歡的區域，充滿了熱鬧、有趣又活力十足的氛圍，街道巷弄裡總藏著不少風格小店。就算只是來這兒隨意走走，也總能有意外收穫。位在轉角處的 Albion Café 便是我經常光顧的早午餐餐廳。座落在由維多利亞時期的倉庫廠房改建而成的磚紅色建築一樓，外觀是清爽明亮的白色雨棚和落地窗，寬敞舒適的露天座位，讓人第一眼就愛上這個地方。

Albion Café 提供了英式料理、自家烘焙麵包、英國產有機蔬果商品及雜貨。走進店門之前，會先看到門旁層層疊放的有機蔬果，再往裡走，眼前的架上擺滿了整櫃迷人的自家烘焙麵包，有法國棍子麵包、雜糧香料麵包、果乾麵包，都是廚房當天現烤出來的！

在週末早上，趁人潮還不多時，和友人相約在此。點一份蜜棗麥片（Porridge with prunes）和英式瑪芬，舒服地享用這簡單的一餐，然後再一起散步至哥倫比亞路花市（Columbia Road Flower Market）賞花、買花。又或者是天氣好時，坐下來嚐嚐好吃的家常英式料理，像是印度香料飯（Kedgeree）、香腸配薯泥或是蘑菇起司歐姆蛋等等，都是早午餐的好選擇。對了！離開前不要忘了帶份 homemade 麵包或葡萄乾司康回家當點心，一定不會讓你失望的。

店家資訊

Albion Café
網站：http://albioncaff.co.uk/
地址：2-4 Boundary Street, Shoreditch,London E2 7DD
電話：020 7729 1051
營業時間：週日至週三 8:00 – 23:00，週四至週六 8:00 - 隔日 01:00

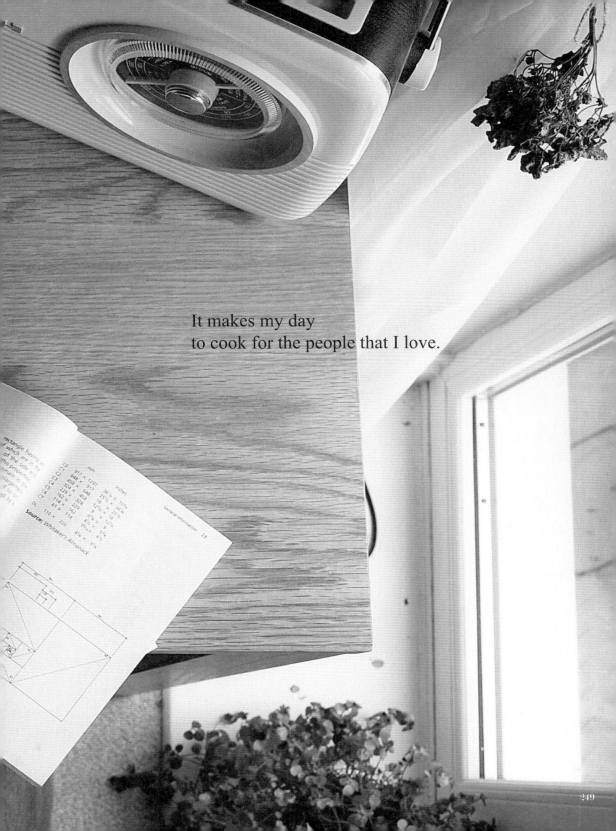

It makes my day
to cook for the people that I love.

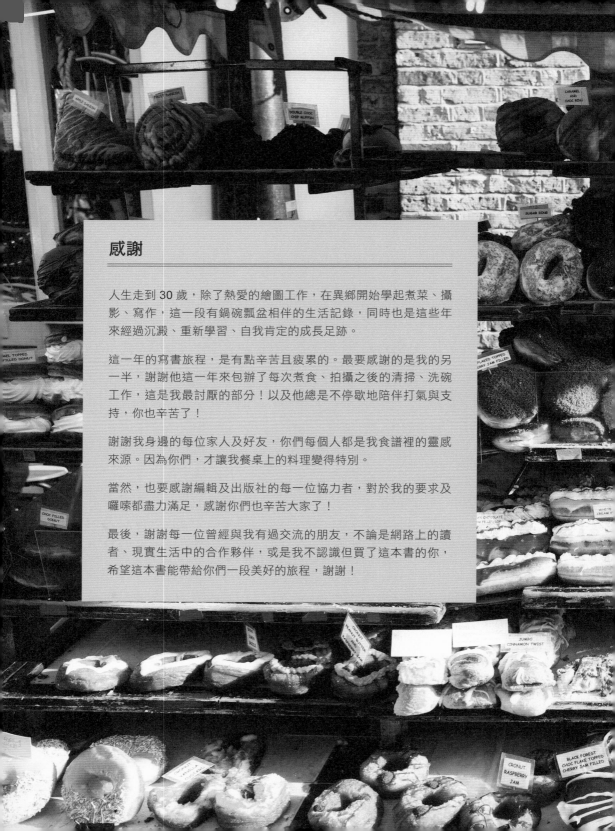

感謝

人生走到 30 歲，除了熱愛的繪圖工作，在異鄉開始學起煮菜、攝影、寫作，這一段有鍋碗瓢盆相伴的生活記錄，同時也是這些年來經過沉澱、重新學習、自我肯定的成長足跡。

這一年的寫書旅程，是有點辛苦且疲累的。最要感謝的是我的另一半，謝謝他這一年來包辦了每次煮食、拍攝之後的清掃、洗碗工作，這是我最討厭的部分！以及他總是不停歇地陪伴打氣與支持，你也辛苦了！

謝謝我身邊的每位家人及好友，你們每個人都是我食譜裡的靈感來源。因為你們，才讓我餐桌上的料理變得特別。

當然，也要感謝編輯及出版社的每一位協力者，對於我的要求及囉嗦都盡力滿足，感謝你們也辛苦大家了！

最後，謝謝每一位曾經與我有過交流的朋友，不論是網路上的讀者、現實生活中的合作夥伴，或是我不認識但買了這本書的你，希望這本書能帶給你們一段美好的旅程，謝謝！

The only way to be a good home cook
is always remembering to add love.

【自慢廚房】2AB838
英倫早午餐：休日慢食，美好 Brunch 餐桌風景

作　　　者	張雲媛	Yun
攝　　　影	張雲媛	Yun
責任編輯	鄭悅君	
內頁設計	我我設計工作室	
封面設計	我我設計工作室	
行銷企畫	辛政遠	

總 編 輯	姚蜀芸
副 社 長	黃錫鉉
總 經 理	吳濱伶
發 行 人	何飛鵬

出　　　版　創意市集
發　　　行　城邦文化事業股份有限公司
　　　　　　歡迎光臨城邦讀書花園
　　　　　　網址：www.cite.com.tw

香港發行所　城邦（香港）出版集團有限公司
　　　　　　香港灣仔駱克道 193 號東超商業中心 1 樓
　　　　　　電話：(852) 25086231
　　　　　　傳真：(852) 25789337
　　　　　　E-mail：hkcite@biznetvigator.com
馬新發行所　城邦（馬新）出版集團
　　　　　　Cite (M) Sdn Bhd
　　　　　　41, Jalan Radin Anum, Bandar Baru Sri Petaling,
　　　　　　57000 Kuala Lumpur, Malaysia.
　　　　　　電話：(603) 90578822
　　　　　　傳真：(603) 90576622
　　　　　　E-mail：cite@cite.com.my

展售門市　　台北市民生東路二段 141 號 1 樓
製版印刷　　凱林彩印股份有限公司
初版一刷　　2015 (民 104) 年 7 月
I S B N　　978-986-5751-77-7
定　　　價　420 元

若書籍外觀有破損、缺頁、裝釘錯誤等不完整現象，想要換書、退書，或
您有大量購書的需求服務，都請與客服中心聯繫。

客戶服務中心
地址：10483 台北市中山區民生東路二段 141 號 2F
服務電話：（02）2500-7718、（02）2500-7719
服務時間：週一至週五 9：30 ～ 18：00
24 小時傳真專線：（02）2500-1990 ～ 3
E-mail：service@readingclub.com.tw

國家圖書館出版品預行編目資料

英倫早午餐：休日慢食，美好 Brunch 餐桌風景 / 張雲媛
Yun 著 .
　　-- 初版 . -- 臺北市 ： 創意市集出版 ：
　　城邦文化發行 , 民 104.07
　　　面 ； 公分
　　ISBN 978-986-5751-77-7 (平裝)

　　1. 食譜

427.1　　　　　　　　　　　　　　　104003620